你没有长大

金玉婷——著

世界知识出版社

图书在版编目（CIP）数据

你没有长大 / 金玉婷著. -- 北京 : 世界知识出版社, 2022.12

ISBN 978-7-5012-6445-2

Ⅰ. ①你… Ⅱ. ①金… Ⅲ. ①人生哲学－通俗读物 Ⅳ. ①B821-49

中国版本图书馆CIP数据核字(2021)第244920号

你没有长大

Ni Meiyou Zhangda

著　　者　金玉婷
责任编辑　薛　乾　　　　特邀编辑　杨　娟
责任出版　王勇刚
装帧设计　周周设计局　　内文制作　宁春江
出版发行　世界知识出版社
地　　址　北京市东城区干面胡同51号（100010）
网　　址　www.ishizhi.cn
联系电话　010-65265919
经　　销　新华书店
印　　刷　廊坊市海涛印刷有限公司
开本印张　710×1000 毫米 1/16 17印张 8插页
字　　数　170千字
版次印次　2022年12月第一版 2022年12月第一次印刷
标准书号　ISBN 978-7-5012-6445-2
定　　价　35.00 元
（凡印刷、装订错误可随时向出版社调换。联系电话：010-65265919）

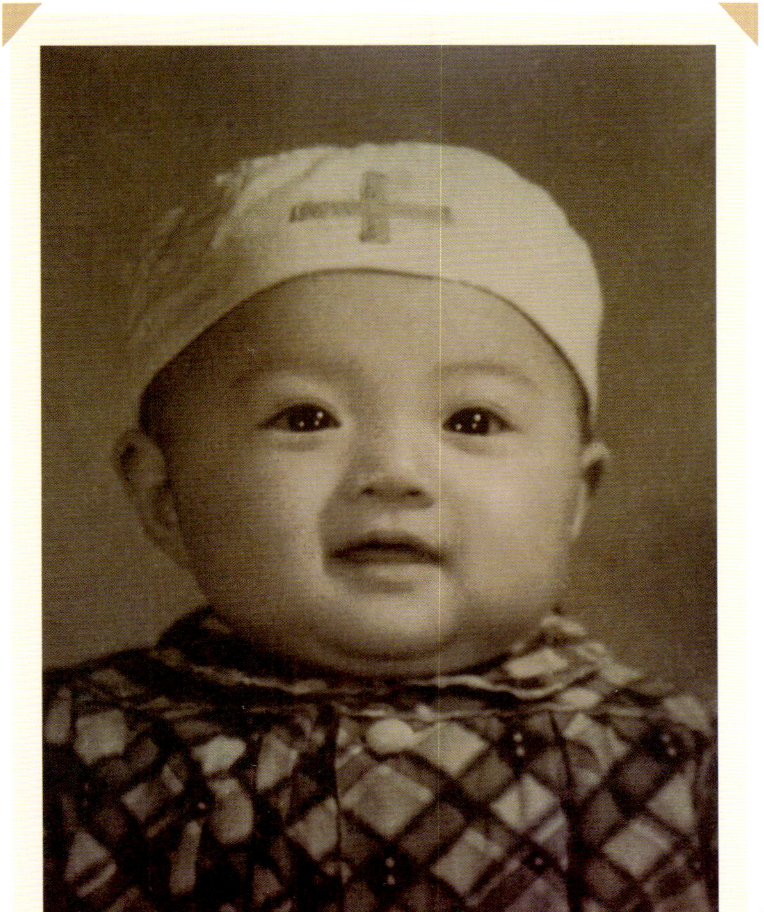

自序 感谢你

我叫金玉婷。百度百科上介绍——中国内地女演员。毕业于上海戏剧学院表演系。——从艺道路简单且平坦，参加了五次中央电视台的春节晚会，演了三十来部电视剧。一些观众是在春晚上一夜之间认识的我。人生的每一次相遇都是久别重逢，在此，感谢认识我或不认识我的您打开此书，我们重逢了，真好！

这些年做的事情几乎与演艺工作没什么关系。在家读了些书，分享了百余场公益课，分享的内容是这几年除本职工作外的心灵成长，创办了一个公益组织。一个不老不少的女演员出现在传道授业解惑的讲台，不在我的人生设计内，却在我的心声内。

这几年，经常被问在做什么，我说我在忙着找自己，越找越发现找不着，越找不着越觉得应该找，就这样找了十年。我从小到大不是个好学生，既没有知识又没有文化，不“谦虚”地说，作为女演员的我，一直就没真懂过什么，好在对未知事物和追问真理的好奇心还在。所读之书没有任何功利目的，完全听从心的安排。就这样，我也顺着这条求知人的千古必经之路来到了中国儒释道圣人的门下。从不懂到怀疑，到接纳，再到实践，夙夜匪懈地追逐着圣人智慧的足迹，读到深处，竟然一次次有把自己的脚插进圣人鞋子里的感觉，欣喜不已，泪流满面。

读一本有智慧的书，如同与一个高人对话，这个过程中，我感悟到身体容颜在变老的我，心灵从未真正长大。原本还可以堂而皇之以所谓的明星身份站立的我，一次次汗颜地趴在了地上。一位智者说："当一个人能够看清楚自己时，再也不敢评价别人了。"我还没有那么大智慧完全看清自己，但即便是看清的那一点点都已经令我羞愧难当。

读书期间，几个月不下楼，吃饭喝水都是小跑着，生怕与书中的智慧断了线。有几本圣人的经典是哭着看完的，书页被落在上面的眼泪泡起了皱儿。有时边看边数剩余的页数，担心书被看完，甚至因舍不得看完而在那一页停下来，反复感悟书中智慧，然后再次欣喜流泪。在几千年的圣人智慧面前，我的身躯和灵魂都渺小得找不着了，但同时又会觉得自己也可以如圣人一样伟大，我在其中如醉如痴。

这十年，朋友结了婚又离婚，生了一个又一个孩子，成功的失败了，超脱的出家了，但时间对我而言似乎消失了。即便是去各地分享、做公益、办活动、创作剧本等，我都不觉得自己在从事什么事业或者做什么事情，一切只是跟着心在做，内心没有价值评判和是非取舍，只有感激上天给我这样随心所欲的机会。

这些年，还有很多时候不好意思出门，特别是被要求合影的时候，我表面轻松随和，内心却羞愧得流下汗来。回想自己那么多年一直顶着一颗无知的脑袋，在别人写的剧本里演绎着各种生离死别，获得了些名利，甚至还有了已经掌握了什么的感觉，那真是把无知屏蔽成自信的无知。其实，可能别人都看出来了，但一直没好意思告诉我，只等我自己有一天幡然醒悟呢。

这本书是在多次的纠结和被催促下成形的。对于出书，自己也说不清为什么一直没有表达的欲望，或许是不愿意再用文字的方式重复已经讲了几百次的言语，或许是觉得这些道理别人都比我早懂了，无须我再重复。总之，写书的心一直疲沓着。一天，我无意中抬眼望向身边高耸入顶的书架上那些曾在无数个求知的时刻滋养、温暖、唤醒过我的书，我的心地顷刻柔软了。我想，或许在未来的某些时刻，我书中的只言片语也会有幸滋养、温暖那个曾经如我的谁。

书中内容均是学习和生活感悟，在理论层面不成系统，写作也没什么章法，引用的经典更有郢书燕说之嫌，但我希望尽可能用真诚的心来弥补这些不足，不辜负您阅读的生命时间。

文字从我心流出，希望能流进您的心田，为您原本美好的生活再添一份清凉，是为无过。真诚地请大家批评指正。

目 录

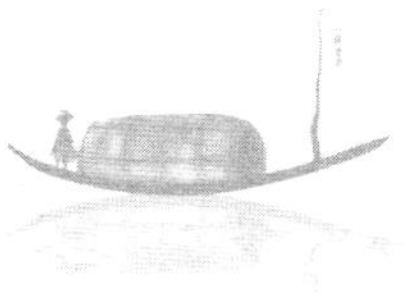

我来了

我出生在黑龙江省齐齐哈尔市。我的家乡除了冬天的雪大之外，就是春天的风大。我们本地人常说，一年只刮两次风，一次六个月。

父亲是商业局的机关党委副书记，母亲是老字号旅店的服务员，哥哥比我大一岁半。我家是七八十年代最基层的普通家庭，虽然不至于吃了上顿没下顿，但所有的钱和物资都是严格计划的。

但，据说我的到来是计划之外的。在我现在这个活着的哥哥之前，我妈还“计划”了一个哥哥，生产时发生医疗事故，他只活了两天。尽管我没有见过他，但每每爸妈提起他，我总是在心里默默地叫上几声大哥。

我妈在生完我现在这个哥哥后不久，就发现了我的到来。工作繁忙和身体虚弱的我妈，动了把我“计划”掉的念头。那时估计如一粒花生米大小的我镶嵌在妈妈的肚子里，不得不跟着她一起去了医院。

第一家医院的医生是父亲的熟人，她无疑是我人生第一个贵人。当她得知我爸并不知道这件事，果断地以向我爸告密来“要挟”我妈把我留下。计划心坚决的我妈，又揣着我来到第二家医院。就在我妈正准备上手术台的时候，医院突然大停电，我又得救了。

回到家，我爸严厉地训斥了我妈，说一定要积极响应国家一对夫妻一对孩子的号召。就这样，我涉险留在了这个世界。

父母二三事

父亲身下有四个弟弟一个妹妹，16 岁时跟着爷爷奶奶从山东老家闯关东来到东北投奔姑爷。

爸爸刚参加工作时是蔬菜公司的送机要文件的通讯员，随后没多久，爸爸就迎来了一生中唯一的高光时刻。一天组织找父亲谈话，说党中央要在黑龙江省选一位到毛主席身边的工作人员，经过长期周密地考察，爸爸因为长相帅气、贫农的家庭成分、人品忠厚、工作能力不错而被选中。虽然是如此光荣而艰巨的工作，但组织绝不强求，一切尊重当事人的意愿。

可是，这样的好机会却被爸爸拒绝了。我长大后听说了这件事，非常费解，问父亲原因，父亲说他担心自己照顾不好主席，而辜负了组织的信任。我惋惜得直拍大腿，感叹本来可以出生在首都的我，人生就这样被父亲改写了。妈妈在一旁抿嘴笑着说："你爸要是去北京，你妈就不是我了。"

若干年后，我有机缘结识了当年和父亲一批被选中，到毛主席身边工作的机要秘书杨银禄伯伯。我安排父亲和杨伯伯见了个面，与杨伯伯聊天的过程，父亲没有提到自己当年被选中的这件事，只是一直好奇地了解杨伯伯在自己终生的偶像主席身边工作生活的逸闻趣事。看着眼前的二位老人各得其所，都活得幸福平安，不禁感叹人的命运可以被一个念头改变，而这个念头也不知是被什么决定。

父母是经人介绍相亲认识的。相亲那天，我妈和姥爷出去送货，迟迟不回来，接待我爸的我姥姥就动了把我爸介绍给我大姨的念头，话里话外一直说我大姨的长相比我妈好，照理说也应该是姐姐先出嫁。而我爸端坐小板凳儿，目不斜视，说相的是谁就是谁，不能改。

后来我问过我爸，当时为什么不选择比妈妈漂亮的大姨？我爸说他看过我妈的照片，虽说我妈长得不漂亮，但看上去非常厚诚，山东老家还有那么多弟弟妹妹，他需要一个能担当、能干的媳妇。

我暗自佩服我爸“自私”的慧眼，以至于多年后，每当我妈和我爸拌嘴的时候，我就劝我妈：“您就忍了吧，当年我爸长得可是帅呆了，他从众多的仰慕者中选择了您，使得您成功地生出了好看的我。从小到大，因我的长相和灵气，您得到过多少赞美啊，您就知足吧。假设您和另外一个人结婚，那个孩子的相貌想必堪忧啊。”

我爸的倔强堪称山东大汉的典型代表，和我妈结婚当天，按照习俗进行到夫妻对拜的环节，我爸死活不肯给我妈鞠躬，任凭怎么劝说都不肯。婚礼当场僵持住，父亲竟然转身离开。大家房前屋后找了半天才找到他，他说他只给父母和毛主席鞠躬，不能给媳妇鞠躬。为了婚礼能进行下去，善解人意的妈妈主动说不要求鞠躬了，这才把婚结完。这几乎成了我妈日后控诉我爸的固定桥段。

有算命的给我爸妈算过命，中心意思是我妈属鼠，是快爪鼠，我爸属鸡，是落水鸡的命。也就是说，我爸这辈子眼看快落水里的时候被我妈这个快爪鼠给抓住了。不管这个说法有无根据，我家生活的确如此。我爸和我妈结婚的时候，连套像样的衣服也没有，更别提给我妈买什么了。结婚时，我妈脚上穿的一双尼龙丝袜子都是借我大舅妈的。当天晚上，我妈就发誓一定要靠自己的双手过上富裕的生活。

于是，我妈把在技校学的裁缝手艺发挥到了极致，自己编写了一本裁剪教材，自己刻钢板、印刷，开办了裁剪学习班，回到家累得说话的力气都没有。据说在我出生前一两个小时，我妈还工作在给全家老小赶制棉裤的第一线，险些把我生在棉花堆里。

妈妈的能干和贤惠，直接体现在父亲的穿戴上，什么貂皮帽子、军校呢裤子、缎子面棉背心、上海牌手表，骑一辆孔雀牌二八大自行车。那个时候在我眼中，画报上的男明星都没有我爸帅气。

经过妈妈的辛苦付出，我家日子日新月异。但无论怎么努力，家里总是拉饥荒，爸妈经常半夜关了灯躺在炕上算账，每次都是商量给山东老家寄多少钱回去。我不记得是哪个叔叔结婚需要钱，作为大嫂的妈妈二话没说，就把姥姥给妈妈的120元钱寄回了山东老家。两个叔叔结婚的婚服也是妈妈省吃俭用省出来，并亲手缝制的毛料中山装套装，在当时的十里八乡造成不小的轰动，用现在的话叫爆款。妈妈这种无私奉献的精神，也赢得了叔叔们对她一生的尊重，我爸和我妈意见不合的时候，他们都一致站在我妈这边。他们经常说老嫂比母，嫂子对他们有恩。

长大后我问妈妈，为什么所有好吃的好穿的都给别人，自己不想要吗？妈妈说，她觉得好东西就应该给别人，如果自己享用了，就觉得可惜了。

妈妈这种基因对我的影响很大，我从小就不舍得给自己花钱，打我有能力赚钱开始，赚到的钱绝大部分都给别人花了，心里不觉得委屈且充满了付出的喜悦，每次都是。

爸爸的性格偏向于团结、紧张、严肃但缺少活泼。爸爸对我和哥哥的要求非常严苛，对同事都是如春风般温暖，对姥姥姥爷更是无微不至。小时候我家的厨房总是有几个铝饭盒和一个小棉垫，家里只要一做点好吃的，比如一条鲫鱼、几块猪肉，哥哥或者爸爸就会拿着饭盒等在锅边，一出锅就马上装进饭盒，包上小棉垫，飞速骑车送到三四里地之外的姥姥家，让他们吃上第一口。三不五时爸妈也会弄一桌好饭菜，请姥姥姥爷来家里打打牙祭。妈妈和爸爸的眼睛几乎不离开姥姥姥爷，时刻夹菜，嘘寒问暖。姥姥姥爷每吃一口，爸妈的表情都跟喝了蜜一样甜。

爸爸自幼酷爱中医，在我童年的记忆画面中，他经常拿着医书对着满身写满穴位的塑料人体模型钻研。据说，我妈生我的时候有点胎位不正，父亲就用针灸刺激妈妈的某个穴位，我很快就呱呱坠地。

姥姥姥爷身体的一些小毛病，爸爸都用中药来调理。一次，大暴雨，浑身淌着水的爸爸从外边回来，吓了我一大跳，我以为爸爸受什么刺激了。后来才知道，原来是爸爸为了给姥姥找一味药而跑遍各大药房被雨淋湿的。姥姥姥爷老了，父亲经常去给他们洗脚，抱着他们的脚剪脚趾甲，陪他们上公园、打麻将、聊天解闷。

每每看到这些画面，我都会对父亲心生敬意。我心里想，等到爸妈老了我也要这样对待他们。那个时候，我就懂得了一个简单的道理，孝顺不是言语教育来的，而是模仿来的。圣人管这叫“行不言之教”。这种影响胜过说教和理论，是以一种润物无声的力量熏染人性善良的部分，纠正阴暗自私的部分，不知不觉形成美好人性的样子。

经历过那个年代的父辈，对于物质节俭到苛刻，而我父亲更是苛刻之王。小的时候，我曾经为了得到一双新凉鞋和父亲斗智斗勇。我的第一双像样的塑料凉鞋是妈妈在哈尔滨给我买回来的，鞋子起码大两号，当时我就意识到这双鞋已经用尽了我未来三到四年的凉鞋份额。

好不容易等到三年后，这双鞋终于合脚了，我故意把脚趾头伸出鞋外边，跟爸爸说这双鞋太小了，应该换双新的。爸爸看了一眼，说不小。这个答案虽然早在意料之中，但我还是委屈得想掉眼泪。

一计不成再生一计，我注意到凉鞋的前脸儿处有一小小的裂缝，于是在上学的路上就故意往坑洼的地方走，使劲儿地拧着凉鞋。在我的不懈努力下，几天后凉鞋的前脸儿处终于断了。

我夸张地光着一只脚，拎着鞋回到家，把鞋举到在厨房做饭的爸爸面前，带着几分挑衅的口吻说：“鞋子坏了，坏得很彻底。”爸爸又是瞟了一眼凉鞋，没说话。我满心诡计地睡去了。

半夜我突然惊醒，抬起头看到爸爸坐在小板凳上，正把一根锯条在半根蜡烛上烧红，然后放在我凉鞋的断裂处，一股烧焦的味道冒出来。我差一点绝望得吐血。第二天，本来就破旧的凉鞋又多了一条醒目的黑道儿，更丑了。

说也奇怪，人的心态真是有意思，自那天后，当我意识到这是我未来一两年仅有的凉鞋时，我不再怨恨它了，反而更加好好地保护它，生怕它坏了。现在教育也说对孩子要延迟满足，以我的经验，觉得是有道理的。毕竟等待很久且费力得到的东西，才会倍感珍惜，还会培养出与其跟别人斗智斗勇，还不如自己努力的品质。这个品质目前为止还伴随着我，遇到事情从来不会投机取巧，想着不劳而获，只有经过自己真实努力得来的东西才觉得踏实。

和哥哥的童年

从小在幼儿园的我，就因长相可人而被争抢，据说我妈经常一天也抱不着我。从有记忆开始，我眼前就都是笑脸，耳边都是赞美，太阳对我笑呵呵，星星对我眨眼睛，生命的每一天都充满快乐与灵气。

哥哥的生理条件有点一言难尽，无论是身高、长相、家庭地位等，只要有我的存在，他永远是被举例说明的反面教材。幼儿园阿姨经常抱着大眼睛的我，让其他阿姨在众多小朋友中找出我的哥哥，我哥一次都没被找到。

眼睛的尺寸已经确定了，我哥一直期待在身高上找回自信，可是他玩命地长，也没超过一米七。

从小到大，家里好吃的紧着我吃，好看的紧着我穿，不高兴我就拿哥哥出气，而哥哥认为我这样对待他也是天经地义的。

我两岁时，四岁的哥哥被送回山东爷爷奶奶家。那更是一段唯我首是瞻的日子。妈妈平日接送我们兄妹俩的三轮车，换成了铺得暄软的绑在自行车前大梁上的专座，我每天像小花木兰一样坐在上面招摇过市。

我人生的汉字启蒙教育就是我妈上下班沿路的广告牌，那时沿途风光总是对我特别好，微笑着向我示意，我那一脑袋小黄毛在阳光下散发着金黄色的光。不过，也有得意忘形的时候。一天傍晚，我妈驮着在姥姥家酒足饭饱后的我回家。路过火车铁路时，我眼前突然出现一辆军绿色挎斗摩托车，它一瞬间就到了我的鼻子尖儿。我的第一反应是要保护这张一直给我换取赞美的脸，至于胳膊腿儿就听天由命了。等我清醒过来，发现自己正骑在一个叔叔的身上。妈妈从地上爬起来，一把抓过我，从头到脚地检查着。而我注意到那个叔叔完全吓傻了，愣在原地，我顿时感觉他比我还需要关心，赶紧挤出笑脸，对他说："叔叔，我没事儿，你看我还能笑呢。"叔叔眼中闪过一丝感激。

我从小最爱说的就是没事儿，后来毕业后主演的第一部电视剧，演我奶奶的老艺术家曲云奶奶说："你这个孩子好，遇到啥事儿都说没事儿，心胸宽大，将来能有出息。"

我一方面心胸宽大，一方面又心胸狭小。小时候我是出了名的"把家虎"，只要是亲戚来我家串门，临走时我都要翻一下他们的口袋，看看是否私藏我家东西。上了大学，我大舅来我家玩，临走时还逗我说："今天翻不翻兜儿了？"我一脸的不好意思。

我一个人的美丽王国在一个深冬的早上终结了。那天我还香甜地睡在姥姥为我特制的小狗皮褥子上，却被一只伸进被窝里的冰凉的手给冰醒了。我一骨碌坐了起来，直直地看着眼前这个人。他有一双很小很小的眼睛，镶嵌在一张又黑又结实的瓜子脸上。看得出他是踮起脚尖才能趴在炕沿上，他一脸喜欢地喊着："妹妹，妹妹。"我赶紧把早已穿小了的小背心往下拽，盖住浑圆的小肚子，另一只手迅速抹了一把挂在嘴角的口水，一脸狐疑地看着他。

他离开这几年，我几乎不记得我有过这样一个哥哥。此刻，他在这不足十平米的房间里显得那样突兀和多余，我在家的地位随时都会受到他的剥夺，即便是共享，也是件令我肝肠寸断的事。沉默片刻，我冷静地用小棉被把自己围好，盘起双腿义正词严对他说："这是我的家，你走吧。"

十分钟后，我哥就站在了马路上。长大后，哥哥说他那天凭着几年前的记忆，愣是用一上午的时间摸索到了妈妈的单位。他跟我妈说："妹妹把我赶出来了。"晚上回家的路上，妈妈问他："小妹妹好不好？"哥哥说："妹妹好。"

妈妈说我从小就是个得寸进尺的孩子，哥哥对妹妹的喜欢和忍让都变成了我变本加厉欺负他的底气。每次爸妈平分给两个人的糖果，我都会以最快的速度吃完，然后再用各种计谋把哥哥一直放在手里端详的那份哄骗到我嘴里。这也是几年后我经常半夜牙疼得打滚而哥哥睡得香甜的原因。

小时候我不仅在家称王称霸，在外也是说一不二的。不论比我大还是比我小的，都心甘情愿围着我转。于是我就挑一些便于管理的小伙伴，组成自己的队伍。我们主要是跟房前屋后的外来势力做斗争，我们不同于打野战的孩子，更不盲目开战，我从小在计谋方面似乎有点天分。我们通常在离家不远处惹起事端，然后一起玩命跑回家，迅速闩上大门。我一声号令，几个人爬上大门，居高临下往下扔石子儿，有时还泼水，实在压不住的时候，也利用集体装哭取胜。总之，百战百胜。

不过，在家里我的气焰会收敛很多。最严重的一次，只不过在哥哥的眼角至嘴角处抓了两道长长的血道子，爸爸为了治我的嚣张气焰，命令哥哥必须以牙还牙。我被爸爸安排站在屋子中间不许动，任由哥哥打击报复。哥哥一脸的为难，央求爸爸不打了。爸爸说必须打，你不打她我就打你。哥哥“咔吧、咔吧”那对小眼睛，低头去厨房搬了小板凳放在我面前，然后站上去，举起右手从我的头顶轻轻扇过去，回头对爸爸说，就算打了吧。说话时，被我抓下来的那两道血道子的皮儿被吹得一忽闪一忽闪。后来那两条血道子留下的疤痕彻底烙在了哥哥的脸上，每每看到它们，心里还有不同程度的得意与内疚。

其实我是很爱我哥哥的。一次，出去玩的哥哥哭着回来，手还捂着头。在妈妈的追问下，他说胡同把头儿那家的狗剩子用石子无缘无故地打了他的头。这可把我气坏了，我的哥哥只能我一个人欺负，狗剩子算老几。我趁妈妈不注意，操起厨房烧火的火钩子就奔他家了。到他家门口，狗剩子正蹲在门口拉粑粑。我心想，他光着屁股肯定追不过我，这真是灶王爷给的机会，于是我果断举起火钩子在他的头顶敲了一下，然后从容不迫地迈着四方步往家走。身后传来狗剩子的号啕大哭，那哭声能传出二里地。

后来没多久，我家就盖了大房子搬走了。若干年后的一天，妈妈拿着一张报纸回家，问我还记不记得狗剩子，说他今天早上跳楼自杀了，说是因为考试没考好，被母亲说了几句，就寻了短见。我到今天都不知道狗剩子的大名，但时常会想起他，也是有些内疚。

哥哥从山东老家回来，我俩就在同一个班上。哥哥满口山东话，又特别爱回答老师的提问，每次他回答问题的时候，老师就叫我站起来，把他的话翻译一遍。其实我也听不懂他的话，但可能是血缘关系，我总能猜个八九不离十。

哥哥个性温和，总是面带微笑地看着一切，最大的爱好就是趴在床上看书，读书过目不忘，说话出口成章。哥哥八岁的时候，就在一个塑料皮笔记本上写出了自己的第一本诗集。

但哥哥温和敦厚的个性，在调皮孩子的眼里就是欺负的绝佳对象，每每课间他们都围着哥哥拳打脚踢。哥哥半蹲扎着马步，闭上眼睛任由他们欺负，妈妈给哥哥新做的衣服，瞬间扣子和口袋都被扯下来。我经常一边哭喊一边趴在地上钻进包围圈把哥哥拉出来，也就是那个时候，我才明白原来自己那么心疼这个平时任由我欺负的哥哥。打在哥哥身上疼在妹妹心里，于是课间保护哥哥就成了我责无旁贷的使命，那也是我学习成绩不理想的原因之一。

学校操场上，满头黄毛破马张飞的我，疯狂地追打着顽劣的男同学。评书《杨家将》里有个烧火丫头杨排风就是这种形象，于是我得了一个外号“金排风”。

我和哥哥在八九岁的时候上了一次当地的报纸，事情是由一个草稿本引起的。一天下午，我和哥哥去街边的小卖部买了几本数学题演算的草稿本，回来后敏锐的我发现这个本子比之前买的薄了一点。我趴在炕上一张张地数，结果每一个本子都比背面注明的纸张数量少了四到五张。当时我脑中蹦出一个成语“偷工减料”。我和哥哥认为小小的我们有责任向这种不好的行为做点什么，在爸爸的同意下，我和哥哥写信寄给了报社。

一两个月后，课堂上，我正在专心地开着小差，校长拿着一张印有“金裕兴金裕婷兄妹检举偷工减料”醒目标题的报纸进来，让我和哥哥带上数学作业本到他办公室去一趟。

厂家负责人严肃认真地询问买本子的过程并翻看作业本，我的作业本几乎每一页都被红色叉子覆盖，这些叉子仿佛不是打在作业本上而是打在我的脸上，我的脸一阵阵发烧，原本可以正义高昂的头颅如缺水的花朵一般耷拉下来。

厂家负责人问，这个本子上的纸没撕下来过吧？我想说没有，但我没有自信说出口，我不确定一个成绩不好的学生说的话是否能让人相信。那是我人生第一次体会到人的信誉是多么重要。

厂家负责人又问这个本子是谁的，为了夺回信任，我脱口而出：“是我哥的。”随后记者看到了本子上我的名字，语重心长地说：“谢谢你们小哥俩的勇气，为了奖励你们敢说真话的精神，我们再送你们几个本子。”然后着重对我说：“要好好学习啊，孩子。”从那天起，我告诉自己，没有掉脑袋的大事绝对不要撒谎。撒谎本来是为了维护面子，但很快就会加倍地丢面子，甚至丢掉别人对自己原本的信任。

初中的时候，哥哥突然得了一种眩晕症，经常晕倒在地，摔得鼻青脸肿，我也责无旁贷地中途离开教室，把他送回家或者爸妈的单位。后来哥哥在我爸爸的一位老同志的带领下，每天早上去公园强身健体。他开始冬练三九夏练三伏地打坐，站桩，冬天耳朵冻成黑紫色，夏天两条双盘打坐的腿，经常一条是暗红色，一条是粉红色，鞋垫涌泉穴的位置经常有一枚硬币大小的潮湿。慢慢地，眩晕症好了。同时，哥哥在某些方面表现出了异乎常人之处，成了远近闻名的小神童。那时十四岁的哥哥，朋友都是五六十岁以上的，家里每天都会有各路高人来切磋和观赏。一天，哥哥被大人物邀请，我也随从，那是我生平第一次坐轿车，我这是沾了哥哥的光，一直在我的欺负与保护下的哥哥也终于让我骄傲了一把，我的辛苦没有白费。

从小和哥哥有很多趣事，寒暑假爸妈上班后，经常给我们留下点好吃的，让我俩平分，但我每次都靠实施各种诡计多吃多占。哥哥会有反抗的时候，有一次因为平分一个脑袋大的小西瓜，一整天僵持不下，我们谁都不相信彼此肉眼目测的大小，最后还是机智的我找出妈妈量衣服的一根皮尺，严格地丈量出了西瓜的尺寸，然后从中间一刀两断。

哥哥有时候也会欺负我，有一次我俩单独在家，他吓唬我说你再欺负我，我就上吊。我心想，这么幼稚的招数怎能吓唬住我。我故意说我不信你敢死，有本事你现在就上吊。没想到，他居然抽下自己破旧的皮腰带出了门，把腰带挂在我家院子一处伸出来的小房梁上，脚下踩了一个凳子，把脖子伸了进去。我倚靠在门框看热闹，哥哥几度试探我说他要死了，我则继续鼓励他。突然间哥哥一脚碰倒了脚下的凳子，真的被吊上了，拼命蹬着双腿。我感觉大事不妙，赶紧抱住他双腿把他救下来。爸妈回家后，问起哥哥脖子上的血印子是怎么回事，哥哥轻描淡写地说是和妹妹闹着玩儿弄的。

上大学前我几乎没有读过一本完整的书，无论我在台上的表演多么精彩，内心总是会因没有文化知识而心虚。一有空就钻进图书馆里，去寻找自己能看懂的书。记得那个时候我读到了一些印度哲学的书，从中接触到了关于生死的话题，我仿佛天生对此类哲学色彩的话题感兴趣。那个时候身边的同学和老师都无法和我交流此类话题，我就打电话跟哥哥聊。哥哥丝毫不感觉奇怪和惊讶，他一一展开，给我讲了很多禅宗的公案，我们聊到了《指月录》《五灯会元》、六祖惠能“菩提本无树，明镜亦非台，本来无一物，何处惹尘埃”，我虽然听不懂，但隐约感觉这些语言和公案极具智慧，也开始对哥哥刮目相看，觉得他的确有些过人之处。

我大学毕业的时候，因为各种阴差阳错，没有落到任何单位，一个星期内再没有单位接收的话，我的户口就会被转回原籍。当年，能有一个大城市的户口，对小城市的人来说几乎和生命一样重要。我的心理压力也几乎到了极点，前途、面子、亲人的期待等问题重重压在我心里，几乎到了崩溃的边缘。我拿出身上仅剩不多的钱给哥哥打了电话，支支吾吾地说着心情和后果。一向木讷的哥哥瞬间读懂了我的心思，他说没事，大不了咱们回老家从头再来，哥哥陪着你。

那一瞬间，我心中所有的压力都释放了。我一直以为我等待的是好运的降临，那一瞬间，我才明白原来我等的是一句理解和鼓励的话，让我继续有力量去面对不确定的一切。我相信这个世界上也只有哥哥才能对我说出这样的话，这是血浓于水的力量。后来哥哥的人生遭遇了几次命悬一线的劫难，我自然是义无反顾地全力抢救。我们在彼此的生命里互相支撑着，依靠着。

很多兄妹在分家的时候会争夺财产，而我家正好相反，彼此都主动把全部财产给对方，自己啥也不要。去年我和哥哥因一些事情产生误会，严重吵了一次架。我非常伤心地给哥哥发信息说，我不想让他再做我的哥哥了。哥哥经过一夜的反思，回过来信息表示道歉，并说无论怎样，我永远都是他的妹妹，希望我能原谅他。晚上我把我们兄妹的微信念给爸爸妈妈听，一向不善情感表达的二老都流下眼泪。我本以为父亲会一如既往地严厉批评我们，他却只是眼里噙着泪水，从一向刚强的口中发出一声感慨："我的孩子长大了。"我们再也没多说话，一家人默默地坐在餐桌旁，各自流着感动的泪水，好像电影场景。

我的求艺之路

我大约四五岁的时候，被问到长大了想做什么。徘徊在大人膝盖处的我，指着墙上的明星挂历说要做演员。

我的文艺天分在上小学的时候就很突出，举手投足，灵气活现，古灵精怪，伶牙俐齿。满身的灵气搅动得我对死板的课堂无法投入，几乎没有认真听完过一堂课。但课堂之外的东西，我比同龄人学得都快，比如理发、织毛衣、钩杯垫、踩缝纫机、给小狗缝衣服这些事情我一学就会。父母的家教非常严，唯一的宽松就是不阻拦我的兴趣爱好。那时家里不富裕，但父母都会给我省出学习舞蹈、唱歌的学费，无论我去哪儿参加考试都支持。在这方面，他们的包容超过了很多父母，令我终生感激。

中学时期，学校和区里的文艺演出我几乎全部包揽，在同学们上课的时候，我常被安排到有吃有喝的地方排练节目，那真的是一种“同学皆学，我独要”的特权。每一场文艺演出我都是穿着最靓丽、表现最突出的一个，几乎全校师生都认识我，我也无师自通地悟出来“低调就是高调”的炫耀姿态，收放自如，宠辱不惊。

课间休息就是我炫耀的机会，即使没有需求也要去趟厕所。教室到厕所的路就是我的舞台，被“粉丝”堵在厕所里也是常有的事。我独一无二的柔姿纱小衬衫、马海毛钩针小马甲、笔直裤线的小喇叭裤，无一不令女同学们艳羡。

这种热度与我的学习成绩形成了极大反差。老师经常找我爸妈谈话，要求我在给班级争光的同时不要拖班级的后腿。回家后，我的腿上和胳膊上就会出现很多紫色的小花，头上和身上也经常有些鸡毛。但这些困难都掐不烂、打不垮我对文艺的热爱。

母亲对我管教失灵，便将我移交给父亲。父亲将我在外边领受的所有表扬毫不留情削得一干二净，连同孩子本该有的那么一点点任性和撒娇一并扼杀在摇篮里，甚至都没有过摇篮。

印象中，父亲从没有夸过我，也很少对我笑，也从来不正眼看我，儿时的我最怕的就是老鼠和我爸。父亲是按照共产党员的标准培养我和哥哥的，要求我们吃苦耐劳，见困难就上，见便宜就让。我在小学四年级就完成了所有家政培训，洗衣服，缝被褥，蒸馒头，包饺子，织毛衣，样样技能齐全，就差修理大型机械了。除了这些，父亲还要求我说话时不要眉飞色舞，见长辈鞠躬九十度，不许说话大声，不许讲吃讲穿，如果有可能最好穿带补丁的衣服，等等。

从小到大，无论考哪里我都名列前茅，我先后考上过市里的民办歌舞团、市里电视台少儿主持人、市艺术团，但都因各种阴差阳错没能干长。后来，我又先后考入了省艺校、部队文工团。每到一个环境我都如鱼得水，那个时候部队演出的 12 个节目里就有我 6 个，跳舞、说相声、演小品，生龙活虎。其间曾获得全军文艺会演一等奖，荣获了人生唯一的一枚三等功的军功章。

一个人的出息离不开贵人，我生命中就遇到很多贵人，总能在人生关键处指点帮助我。一天，部队宣传队来了一位给我们排练小品的导演，他是齐齐哈尔市话剧团的演员队长王一峰老师。他对我的天分赞不绝口，说仿佛看见了一块埋在土里的金子。王老师推荐我去话剧团与专业演员一起排演话剧《冰山情》，那是我人生第一次以专业演员的身份出现在舞台上，并且是主演。那一年我17岁。

演出大获成功，王老师鼓励我报考戏剧学院。当时我并不知道戏剧学院是干吗的，王老师说那是培养专业演员的地方，以你的天分一定要考取。于是，王老师几乎每天都用他那辆半新不旧的二八自行车带着我，穿梭在他家、话剧团排练厅，辅导我的朗诵、小品。都是义务，分文不取。

在上海戏剧学院的考场上，我的表现出色，主考老师，也是我未来的班主任李学通老师，叮嘱我回去好好复习文化课，第一志愿一定要填上海戏剧学院。根据前边我描述的情况，我的文化课成绩不用想也知道结果。打开试卷，它们认识我，我不认它们。

果然，几个月后，所有考取大学的同学都陆续接到了录取通知书，而我依然杳无音讯。整个暑假我就守着信箱，望着远方，等待录取通知书的到来。

终于，录取通知书在快开学的前半个月到了。我激动得双手颤抖打开信封，那是一封标准印刷的录取通知书，空白处手写着我的名字，但在“你已被录取”的印刷字样前边手写了一个“未”，背面是主考老师的一份简短的信，大致意思是说，我今年文化课成绩不理想，但专业课成绩排名第一，希望我复习一年文化课，明年继续报考上海戏剧学院。

我收起信，坚定地对妈妈说我要亲自去一趟上海。妈妈打电话把爸爸从单位叫回来，在父亲面前一向不敢大声说话的我，第一次斗胆严肃地告诉爸爸，不管你同不同意，上海去定了。父亲居然没有阻拦，默默地走进里屋，找出保存多年的上海地图，帮我查找上海亲戚家的位置和公交路线。

我在命中贵人李学通老师的帮助下辗转半个月，国家高教局考虑到我的专业成绩优异，酌情为我特批了一个自费名额。在今天，一个国家部门给予一个孩子这样的特批，几乎是不可能的。而我的人生就这样又经历了一次不可能的可能，成了上海戏剧学院表演系的一名学生。

表演系的好学生

上海戏剧学院的四年大学，据老师和同学们反映，我一直是表演系最优秀的学生之一，台词课和表演课都创下任课老师职业生涯的历史最高分。在校期间，代表学院出国访问、学术交流，主演了多部话剧。

大三时，老师想提拔我入党、做助教，我没敢答应。不是我不爱党，我是个喜欢自由的人，我对大家公认的很多好东西都提不起兴趣。在舞台上我已经塑造了很多角色，在生活中不想再扮演任何角色，只想简单轻松地用心灵去碰触生活，哪怕受伤，都是美好的。

毕业后，我幸运地留在戏剧学院的艺术研究所工作。在那些早已著作等身、功成名就的教授们的映衬下，我脑子里的知识储备简直就是个笑话。我的职务是助理研究员，我也不知道该研究啥，有啥可研究的，我能研究明白个啥，我只好美其名曰从事社会艺术实践，其实就是去剧组拍戏。当时片约多，一年回不了两次学校，所以我与学院互为摆设。

经历了初入社会的兴奋，夜深人静时也会生出迷茫，总觉得人生被某种有形无形的东西限制住了，稳定而优越的“长期饭票”对我没有吸引力。刚好这时候负责管理我的老师，提出对我要严格管理。这一股外力的旋风，正中下怀地刮起了我无限追求自由的心，我开始有了想法。

当年考大学，我的第一志愿是去北京，却因上戏艺考的成绩优异而来了上海，心里一直觉得和北京有个约定没有赴。为了安抚自己躁动的灵魂，我决定去北京闯荡一遭。虽然未来不可知，但有一点我很清楚，我今后的人生不属于这里。

2000 年世纪之交，随着多米诺骨牌被推倒，我也推倒了自己的人生牌局。我决定辞职。

现在想想，我真的是有些身在福中不知福。上海戏剧学院教师的位置，如今看来是挖门子也得不到的好工作，竟然被我那么任性地就辞去了。辞职后，我来到办公室准备和老师们告个别。办公室没人，一切笼罩在一缕夕阳中，我走到两个塞满一大捆又白又细的工资条的抽屉前，上面的一个是某著名学者的，下面的一个是我的。我承认，我的确偷看了上面那位老师的工资条，看完我顿生敬畏，感叹知识的确比美貌更值钱。我将工资条收拾干净扔进垃圾桶，略有仪式感地向办公室深深鞠了一躬，告别了这曾经令我无限向往的地方。

就此别过，后会无期。

我的“光辉”岁月

成功是幸运的，奋斗则各有各的不幸。在奋斗的路上，没有人替代你的伤痛，眼泪得自己擦，脚上的泡得亲自走。

作为一名略被观众知晓的文艺工作者，我从来不是娱乐版的头条人物，也不是具有偷拍价值的娱乐明星，我对于自己刻意经营出来的这份清静比较满意。

我现在的生活富足而悠闲，富足不是我多么富有，而是我对金钱的要求不多，悠闲不是我无事可做，而是我尽力跳脱演员频繁出镜才能获得的安全感。我的生活虽也遇到过坎坷与不幸，但都用自己坚定不移的小聪明化解平息了。那时无知无畏的我，常常暗自欣赏父母给我的一颗聪明的大脑并心生感激。

那时我对北京的了解除天安门外，只是几大艺术院校和亚运村。我用三分之一的积蓄租下了一套两居室的房子，背负着老师的期望和亲人的重托，开始了追逐梦想的生活。

对于我们演员来说，所谓的成功就是自己的艺术才华能得到更多人认可，走在大街上能有人认识你，能拥有属于自己的房子，能买得起喜欢的衣服。赚钱是一方面，同时自己那一身“艺术细菌”也在按捺不住地等待着爆发。无论什么年代的年轻人，脸上都有着隐藏不住的对机遇和金钱的渴望，北漂更甚。

梦想和压力总是伴生的。奋斗之初，特别想家，特容易伤感。一次，我在租住的小区楼下看见两个农村来的保安抱在一起玩摔跤游戏，二人肆无忌惮地互相摔着，大笑着。我站在那里看了他们好一会儿，我很羡慕他们能这样无忧无虑地笑，而比他们生活富足很多的我却笑不出来，摇摆的现实与不确定的未来使我没有丝毫安全感。

拍戏经常会在陌生的城市待上二三个月，皮箱就是我的家，皮箱里的衣服都没有机会穿。任何一个家人团聚在一起其乐融融的画面，都会刺激我。有时拍戏，边上的居民一家子就穿着拖鞋，端着饭碗来看热闹。他们对我们投来好奇羡慕的眼光，可他们不知道我是多么羡慕他们能拥有和家人一起来看热闹的时光。在我的眼里，那就叫幸福。

那时候拍戏，冬天跳冰窟窿，夏天穿棉袄很正常。有一年拍戏，夏天四十几度，我要穿棉袄连跑带喊地演戏，一上午下来，昏倒在现场，剧组人员用风油精按摩我太阳穴刺激我醒过来。导演说实在坚持不住就休息，看着那些和我一样穿着棉衣，被晒得冒了油的群众演员，我还是踉跄地站了起来坚持拍摄。那天不知晕倒了几次，身上摔得青一块紫一块，晚上回到房间一个人委屈地哭，想父母，想哥哥，我不知道我这是为了梦想还是生存。后来家人知道了我拍那部戏时受的罪，每每看到那部戏时都会掉眼泪。

拍了很多戏，真正让大家认识我的却是春晚的小品。能走上那个华丽舞台的演员都是幸运的。大家对于我能多年上春晚的原因传得玄乎，我甚至被传成是有着深厚背景的神秘女子。我几乎从不搜自己的新闻，也从不看八卦，我不喜欢生活被这些短命空洞的快餐占据。每每被人问起背景，我都哈哈大笑，我说：“我的背景可深了，你们小心点啊。”

奋斗过程也是自我了解的过程，看似在为名利奔波，但我渐渐发现我的内心深处对名利的渴望并不强烈。我几乎没有费力争取过什么角色，也从未刻意经营过人际关系，一切都是顺其自然，上春晚也是一件顺了自然的事情。

春晚给我带来的好处自然不用说，掌声、鲜花、赞美都如期而至。我可以享受名气给我带来的虚荣和幸福时，感受到的却不是成功的喜悦，而是热闹背后的空洞与无力感。我的感受告诉我，原来没有一个叫作成功的东西能托住我的安全感，就算已经取得了成功也不能放松。之前因为没钱而奋斗，现在为了更多的钱而奋斗；没名的时候想出名，有了名还想更有名；没红之前想让别人认识，红了以后又怕被人打扰。我觉得我上了一个连环套，任何一个环节的脱轨，都有可能再重新来过，即使再累也不敢停下来。

名气并没有给我带来预期的轻松，心里总有个角落在不自主地呐喊。也许我“矫情”的性格，注定在没找到最真实的精神依止之前不会停止思考。这个世界越热闹，我越觉得它虚假不实，这种不踏实感让我没有胆量享受幸福。面对观众的喜爱，短暂的喜悦之后是更大的惭愧，自己何德何能可以领受这些素不相识的人的爱戴？他们凭借我们在屏幕上的几个情绪、表情和剧情营造出来的人物形象，就把自己的情感投射在我们身上，然后真诚赞美、夸耀。他们愿意相信我们的真人与角色一样优秀乃至完美。

我一直认为演员这个职业最迷人最荒谬之处就在于此，粉丝对演员的喜欢是建立在误解之上的一种盲目而善意的情感，他们的崇拜里隐藏着一种对自己的欺骗。这规则对他们是不公平的，我不忍心将这种崇拜当真。每次我总是想拿出最大的尊重回报他们，否则会有一种卖假药的罪恶感。

有一次在春晚后台，一个小女孩战战兢兢地蹭到我面前，拿出一个很破旧的手机，说："金老师，能和您照张相吗？可是我的手机不好，可以吗？"我说："当然可以，多照几张，选张好的。"小女孩说，上次因为自己的手机像素不够而被一个明星拒绝拍照。我告诉女孩，明星没什么了不起的，如果明星对你不礼貌，你也可以回敬他。明星和你们都是一样的人，别被夸张打造、渲染出来的外在表象迷惑。明星回家卸了妆，进了澡堂子和你们一样普通，一样得上厕所，一样睡觉打呼噜，喝醉了也吐，买东西也砍价，你想不通的问题我们也未必能想通。

2009年，我由于长期熬夜，体力透支，身体出现了很大的问题。那时我在沈阳接拍了一部电视剧，到剧组试妆，当天半夜就由于心跳过速、血压过低晕倒在化妆间。由于化妆间的门过窄，我被像裹粽子一样绑在担架上送到医院急救。

到了医院，医生说："急救床位有限，你的各项指标都很正常，就是血压有点低，赶快让出床位，不能因为你是名人，就给你开绿灯。”我说：“虽然指标正常，但是我为什么那么难受呢？”我心想：连医院都不能治我的病，还有哪儿能治啊？我就算死在这病床上都不能起来。

当时拍的是古装剧，我一脸的浓妆，穿着古代衣服，医院仿佛上演了一幕穿越剧。很多人过来围观，而我连觉得不好意思的心情也提不起来，我只想活得没知觉。

医生一看实在没办法了，就把我推到走廊尽头。旁边是个壮观的垃圾堆，我跟一大堆医疗垃圾待了一晚上，尊严顿失。我相信，每个人都有意无意地设想过自己死亡的场景，或温暖，或庄严，或孤独。而我如果那天去世了，那堆垃圾就是这个世界留给我的最后画面。旁边不是爸妈，而是当时不熟悉的剧组会计，后来成为我生命挚友的陈姐。我前半生所有追逐的拥有的全都不在身边，凄凉又无奈。

第二天，沈阳的朋友托人把我拉到沈阳最好的医院请专家会诊。我无力地靠在妈妈肩膀上，行动缓慢如蜗牛。医生看了我两眼，把妈妈和朋友叫到了门外。我隔着玻璃看着妈妈一直在抹眼泪，朋友在记录着什么。那天的沈阳雨很大，我被拉到城市边缘的一处院落，大门处挂着牌子“沈阳市精神卫生疾病控制中心”。其实，就是传说中的精神病医院。

朋友一脸为难地对我说：“金老师，真是不好意思，那个专家不让我告诉你来这里，她说你像是精神出了问题。这儿的院长是沈阳最好的精神疾病医生，让她给你看看吧。”我大义凛然地笑笑：“没关系，我正好也想找个这样的医生聊聊，看看我到底是不是精神病。”

院长是个温和的女性，她与我细致交流后，理所当然地，我被诊断为中度抑郁症。她给我开了一大堆口服西药。在取药的时候，我路过了病房区，里头的病人不时地向外张望。我从未和真正的精神病人离得这么近，病人的表情怪异，嘴里嘟囔着听不懂的话，我险些就够资格和他们关在一起了。

那时我仿佛能理解精神病是怎么一回事，因为在常人眼中正常的世界，在我的眼里已经开始有些不正常了。我与周遭的一切有种强烈的隔阂感，眼睛看见的、耳朵听到的世界，感觉都不真实。我仿佛被闷在一个坛子里的绝缘体，没有人能和我能量发生连接，我只能自己面对自己。最糟糕的是，我自己也不知道该怎么对待我的情绪和身体。那时候真的觉得死了会比较快乐。

妈妈帮我退掉剧组的戏，回家养病。即使不退掉，我也无法正常完成工作了，我身体虚弱到连剧本上的字都看不清楚了。回到家后的当天下午，我感觉精神稍微好了一些，打开水龙头试图洗一下手。可当我听到水龙头流水的声音时，突然情绪失控，觉得有一股强烈的负面力量要冲出我的身体。这时正好妈妈进来，我用最后一丝理智控制着我的各个器官，告诉自己绝不能让妈妈看见我崩溃。我挤出了一丝笑容，其实我已经分辨不清什么是笑容。

我对妈妈说：“妈，我现在很难受，你快对我说些好听的话，千万别说不好的话。”妈妈似乎已经看出了我的异常，赶紧用哄三岁小孩的语气哄着我说："好，好，我和你爸都好，你也好，你哥也好，咱们家都好。"

我对妈妈说："我现在不能在家待，我出去一会儿，你放心，我会没事的。"妈妈没有阻拦。我让一个信得过的朋友迅速开车送我去安定医院。在去医院的路上，我躺在后座上，不敢看窗外的堵车，那拥塞画面对我来也是一种刺激。我拨通了沈阳那位院长的电话，她问我父母是否在旁边，我说没有，她说那就好，因为这个时候亲人会给我压力。

她将电话交给了她 13 岁的女儿，她去联系北京安定医院的医生。她的女儿操着一口浓重的沈阳腔和我聊："阿姨，我特别喜欢你演的小品，我还能学呢，你有什么好抑郁的啊，我都可羡慕你了呢。"她的声音单纯而稚嫩，对于当时的我来说，每一个字都有如音符般悦耳，像来自天使的声音。那时候的我只能接受事物最表层的信息，喜欢被人哄，喜欢看人对我笑，喜欢听温暖的话。

注射了安定后我被送回了家。到了楼下，朋友把我叫醒，问我是否要回家。我说坚决不能回家，因为我不想看见任何亲人，也不想让亲人看见我现在的样子。我直接去了家附近的酒店，开始昏睡，一睡就是 10 天。这 10 天没有洗过脸，没换过衣服，我根本不关心自己的形象和卫生，我只想活得没有知觉。中间几次妈妈和侄子来送饭，我都不知道。后来妈妈说，她不敢靠近我，只能站在套房外客厅的门口远远地看我一眼，然后由我的助理和侄子给我喂饭。事后，这些我几乎都不记得了。

好中医都是神医

在美国，人均 GDP 比我们高，可是全球抑郁症患者美国位居榜首。也就是说，在他们物质极大丰富、欲望极大满足后，得抑郁症的比我们多，大概五个人就有一个人在服抗抑郁药。

我有几个朋友在台湾、香港，后来移民去了加拿大、美国。他们就是不停地开这样的药，还要回去开，当然开的也是美国人的药。这个药如果没了，他们这一天就像没了魂儿一样，手脚冰凉，浑身发冷。

我问其中一个朋友："你们就真的这么难受吗？"他说："难受，就感觉活着没意思，情绪极度低落。"我问他："你们吃了这么久，吃了一二十年的药，怎么没吃好呢？"他说："不不不，抑郁症是不能被治好的，必须终生服药。"我很吃惊，说："我也曾是抑郁症患者，我就不用终生服药。"他说："真的？你怎么做到的？"我说："我是吃中药调理好的，是中国古人的智慧。"他们不相信一把草药就能把人治好。现在很多人不相信中医。

当时，我服用十几天的西药后的感受是，它的确能让我在短暂的时间内放松，但药劲儿一过，之前的症状马上又出现，问题并没有从根本处解决。于是我自己决定停掉西药，再难受也不吃了。

十几天后，我又拖着抑郁的身体回到剧组拍戏。在剧组编剧老师和制片人的帮助下，我结识了一位好中医。中医师见到我的状况视若平常，冷静地看了我的舌苔，说："早睡早起占9分，我的药只占1分。如果你不能早睡早起，你的病恢复不了。早上6:00能起来吗？"我咬着牙说："能。"

我拿着药回到剧组。剧组每天早上6：00安排陈姐喊我起床，陪我晨练。剧组也尽量不安排我拍夜戏。我妈和助理每天攥着长长的药单、掐着手表，按照时辰，两个小时吃一次药。那时候我才知道，有的好中医是按时辰来治病的。

服药几天后，我的身体就明显好转，能吃能睡，心情好，高兴得到处跑。抑郁、焦虑情绪明显减轻！生病以前根本吃不下饭，完全不能理解那些贪食的人，饭有那么好吃吗？可是吃了中药，胃口大开，觉得饭好香啊。我能感觉到是从内在根本上改变了。妈妈每天看到我吃得空空的饭盒，会高兴得掉下眼泪来，她知道她的孩子有救了。

这种事如果发生在别人身上，我一定觉得是夸大和演绎。因为在常规概念里，抑郁症被西医认为必须终生服药，结果居然可以靠一些没有高科技含量的中医把脉的三根手指和草根树皮调理好。可我日渐舒服通泰的身体证明了这一切。

这次生病的经历，令我对中医产生了极大的好奇。买来《黄帝内经》《伤寒论》来翻看，我开始了对中医的关注。我深深感恩中华先祖深刻透彻的智慧，在今天拯救了我这个渺小的生命。我由衷地对大自然心生敬畏与臣服。

西医看形，中医看性

中医理解生命的角度和西医完全不同。西医从形的角度看待生命，而中医从性的角度。这一点皮里肉外的差别就差出来天地。

西医将人的身体看成一个由核酸、蛋白质等组成的生物体，哪儿有病治哪儿，实在不行割掉再换一个。西医只在看得见的角度定义生命，把一切看成是确定性的，看不到不确定性。比如，肿瘤割了为什么又长出来了，就像一块地长出农作物一样？为什么不能在没长肿瘤之前发现肿瘤，或者改变肿瘤生长的身体环境，使它无法再生长？

西医是看具体的物质，而中医看到的是环境。人的五脏六腑就是身体的环境，“阴阳、寒热、表里、虚实”这些诊断方法都是在评估身体的环境，再把导致疾病的环境调理到平衡状态，病就解决了。比如，一块贫瘠的土地，长出来的农作物都不好，但如果我们把土壤环境治理好了，长出来的农作物自然就是好的。

中医与西医对生命的解读截然相反。在中国文化和中医的视角中，一切肉眼可见的确定的一切，背后都是瞬息万变的不确定性。中医是站在穷尽了所有不确定的确定性的立场，回头看待那些不确定性，并总结这些不确定性的规律。

中医从不认为身体是单纯的物质，认为物质只是无形能量的低级表现形式，二者实则是一体。就像水、冰和水蒸气是一体的，不能因肉眼看不见水蒸气就否定它的存在。这个常识并不难理解，但运用在生命中就是深奥神秘的学问了。它超越了眼睛和仪器的范围，而这是中医理解生命的逻辑起点。中医推演界定生命的系统极其广博而精微，有形世界中大到宇宙天体、日月星辰，小到一个细菌，无形的部分有阴阳、五行体系。有形无形的一体性，也被叫作天人合一。

在科技不发达的古代，中国古人是靠身体的感受和心灵的觉知力来观察天地，正所谓象天法地，从中发现宇宙万物天地、日月星辰原本是一体的这个奥秘。“在天成象，在地成形”，所有有形皆来自无形，无形又可以幻化出有形，无形有形永远在相续不断地变化，彼此或相生或相克，时刻相互作用，牵一发而动全身。人类的身体在物质层面看似是独立的个体，但在能量层面是受无形能量支配着的，与宇宙是一体的，是宇宙的一小部分表现形式而已。

古人把各种无形无相的能量以阴阳、五行、天干、地支来表示，这也就是河图、洛书、《易经》和《黄帝内经》等中华文化之滥觞。身体器官、气脉、穴位、经络均是这些无形能量在有形三维世界的能量聚合而成的相，非物质层面的人的思想、情绪也是如此。人的身心都受这些外在阴阳能量的影响，能量平衡就是健康的生命，失衡就会导致疾病。

有形的还好懂，无形的部分大家就糊涂了，看不见的就觉得玄乎。这些抽象的无形的东西，用现代物理概念定义，就是能量。能量，大家理解起来就轻松很多。中医看病是通过分析看不见的阴阳、五行能量来推导看得见的层面上的病。高超的中医在病还没有形成之前就知道了，上医治未病。看不到并不代表感知不到，比如中医挂在嘴上的“气”就是看不见的。但气与有形的水是一体的，可以把气理解为看得见的水。身体里的水的温度会直接影响人的健康。这个气被分为阳气、阴气，阳化气，阴成形，肿瘤就是身体长期的阴寒环境导致的郁结所致。阳气可以化阴，是生命的根本，阳气受损人就生病，阳气没了，人就死了。

没有真正受到中医恩惠的人是很难相信中医的。外国人把生命定位在物质层面进行切分、细化、归类，这个切入点就是原始的局限，这使他们很难理解中国古人天人合一的境界。他们会认为这种含糊不清的学问没有严谨的说服力，所以，超出西医认知范畴的病，他们就束手无策了。而此时正是中医见证奇迹的时刻，这种手到病除起死回生的医案比比皆是。西医的炎症会用抗生素，而在中医看来，是因湿寒或湿热阻塞气脉造成的，只要把气脉搞通了，病自然就没有了，那些所谓的炎症也没了，肿瘤也消失了。

身体疾病最初表现都是经络淤堵，淤堵会导致情志的改变，抑郁、焦虑就是这个原因。而身体淤堵是外感风邪、不良的作息和不良情绪所致，所以，真正的养生是养心。中国古代抑郁症叫作怯证，可见抑郁症不是新的文明病，其根源就是五脏六腑的阴阳失衡、经络淤堵而导致的情绪紧张、低落、焦虑、害怕、胆小，严重了会自杀或杀人。

中医认为，经络是气血的通道，古代采用最原始的物理手段，如按摩、针灸、刺血、拔罐来疏通，其效果直接而快速。我的乳腺增生疼痛多年，被一位资深的刮痧师在乳腺对应在后背的天宗穴处的小鼓包狠狠刮了几下，瞬间就不疼了，前后不到一分钟。后来我与一位乳腺科的西医聊起此事，她非常确定，说这是不可能的。她说乳房是由很多条乳腺管组成，是封闭的，里边的肿块是组织结块，怎么可能刮没？怎么排出体外？我说，这个道理非常简单，就像轮胎鼓了个包，只要把气从气门芯出口放出去，鼓包自然就消失了。这位医生朋友差点笑掉大牙，说我这是异想天开，就差说我胡说八道了。很多能用中医治好病的人，前提是相信，如果不信，即便治好了，也会说是巧合。

中药材也是采撷于天地间自然生长的植物、动物。长在天地之间，吸收天地精华，自然也有寒热、温辛等各种属性。中药就是借助其属性，把身体的属性调理到平衡的状态。用药的手法也如排兵布阵一样有君、臣、佐、使的配伍。这些药材之所以能调理好病症，恰恰说明了我们与万物是一体的；如果不是，是不会有交互作用的，正所谓药食同源，万物同源。即便是西药也在一体之内，只是它不源于自然而是化学。

古代医者早就把调理抑郁症的方法告诉我们了，只要是真正的好中医都能调理。中医是天人合一的体系，以整体来定义局部，用局部解决整体，不可被肢解。

和月亮拔河的人

既然人与万物是一体，那么天地有什么，人体内就应该有什么。天地有四季，人的身体也如此。

中医认为，人的一天就如同一年的四季。早上太阳升起，万物生发，人也该在这个时候起床，借助大自然的生发之气把体内的阳气生发起来。经过一天的消耗，到了晚上，万物能量收敛，人也应该安静休息补充能量。

熬夜的人就是颠倒了，相当于用自己这个小身体与大自然拔河，人体的小小能量怎能较量过大自然呢？作息黑白颠倒就是阴阳颠倒。中医认为，睡觉不是时间长短的问题，而是时间段的问题。黑白颠倒的人，脸色总是像蒙上一层灰尘，睡的时间再长都浑身不舒服。

大家也可以观察大海潮起潮落的现象，那就是大自然的阴阳之气对水的影响，气和水是一体的，如同我们每天烧开水，温度高时水会化成无形的气，温度低时水会结成有形的冰，现象上有差别，实则一体。人体的70%左右是水，水气的变化直接影响着生命。

《黄帝内经》讲："正气存内，邪不可干。"人的生命就是靠体内的阳气支撑，没有了阳气就没有了命，体内阳气少了，邪气就会乘虚而入，人就生病了。其实每个人都有这个观察和辨别能力，但被后天的知识系统局限和人性的偏见障碍了。

先服毒药再找解药

说到这儿，肯定也有很多人不信这一套。或者说不愿意受这些约束，认为人活着就是要随心所欲，拼命“享受”生命的过程，直到身体出了问题也搞不清楚原因。

我们都很爱自己，但我们以“自杀”的方式爱着自己。总是先服毒药再苦苦寻找解药，等舒服了又想服毒，甚至有的人见了棺材板也不掉泪。人就是喜欢折腾，折腾完自己再折腾别人，老老实实地活着就觉得生活无意义。

要想没有灾祸，人心就要老实。古人说，“傲不可长，欲不可纵，志不可满，乐不可极”“物无美恶，过则为灾”，这些都是告诉我们，凡事都要有分寸，只要一过分就会有灾难。

人心都不肯老实，其实老实不是愚蠢、呆板，而是学会控制自己多余膨胀的欲望和贪淫，不做欲望的奴隶。

有智慧的人不会重复犯一种错误，如果能在每一次苦难、错误中反思、觉醒，我们的罪就没有白受。

我要这名利有何用

生病急救，躺在医疗垃圾旁边那一晚，我思考了很多。我在想，我 20 多年辛苦奋斗来房子、车子、名牌、银行的存款，此刻，它们怎么不来救救我？我甚至对它们产生了怨恨。

那一瞬间，我深刻地理解了两句话："钱和名都是身外之物""除了生死，其他都是小事"。我在戏中演绎过多次死亡，但这次不是戏，这次是对真实死亡的演习，让我提前体会到了人在死亡前的心态。

平时活灵活现、指点江山、不可一世的人类，无论贫穷还是富有，无论达官显贵还是贩夫走卒，在死亡那一刻都是一样地无助、未知、恐惧。谁也没死过，不知道死后是什么样的世界，不知道是否还有传说中的生命轮回。如果有，轮回到哪里？命运如何？光想想这些，就足以使我们难过到死去。

我痛恨自己平日的无知和对青春的荒废。黑夜给了我黑色的大眼睛，而我却没有用它寻找智慧光明。我开始怀疑那些我一直认为本该如此的一切。比如：死亡离我们真的很远吗？我真的那么聪明吗？人死了之后，就真的彻底消失了？我是否应该为那不期而至的死亡做点什么准备？假如老天再给我一次健康的机会，我是否还要用有限的生命去为名利奔波？如果不，那我的存在感在哪里体现？

那一刻，脑中也跳出人生三个终极问题："你是谁？你从哪儿来？

你要去哪儿？”但以我的知识文化水平和愚钝，根本回答不了任何问题，连思考的头绪都没有。

我在心中立下誓言，假如老天再给我一次健康的机会，我要将有限的生命花费在去寻找一劳永逸的智慧上。只是当时没想到，这一寻彻底改变了我的人生方向。

无处安放的心灵

歌手汪峰的《无处安放》有句歌词：“叮叮当当的心啊……无处安放。”

有个智者描述我们人类的心就像山洞口的火把，时刻不停地躁动着，没有一刻停歇。这种躁动搅和得我们恐惧、不安、纠结。大概绝大多数的人内心都如此，无论外在多么有条不紊、高级华丽。

我们小的时候羡慕大人的能力和威风，长大后羡慕小孩的无忧无虑；没有钱的人羡慕富人拥有的财富，有钱的人常感叹金钱的无力；没名的人拼命想出名，出了名的担心被人遗忘；没结婚的想找个人了却孤单，结了婚的又想走出围城；长得不好的拼命想变美，长得美的时刻担心容颜老去。

我们梦寐以求的生活，可能正是他人感到无聊的生活。每个人都在不同程度地羡慕着别人拥有的那一部分。即便是经过长久努力得到了想要的一切，但随即又会生出新的无聊，再次想挣脱。每个人心里都装着不满足、不满意、不高兴。

很多人都觉得我们演员的职业是丰富有趣、活色生香的。其实剧组生活大多是枯燥乃至闭塞的，演员的生活不仅有聚光灯和礼服，还有苟且与无奈。再知名的演员一生也很难遇到几个能全身心投入创作的角色，多数工作也都是为了生存赚钱。

坦白讲，我也喜欢成功带来的虚荣，我也知道钱好花，但我一想到我的余生绝大部分时间都会在片场度过就会心有不甘。世界那么大，而我只能在拍戏。

如果我老了，我的人生履历上只有一长串或知名或平庸的影视作品，我想我会恨自己的不勇敢，恨自己因贪恋名利而错过了更高价值的人生。

与社会体系脱轨

人们总认为成功的人一定是高贵的，其实不然。

入圈后身边自然多了很多“高贵”的人，我起初也觉得他们的人性一定是无暇而高尚的，否则怎么会名利双收？可在很多时候看到他们光鲜外表下的那个“小”，我开始转变看法。

原来名利可以如此招摇过市地打扮虚伪和自私，甚至可以理直气壮地冷漠与傲慢，没有热情、宽容、温暖、信任。每逢那个时刻，我都想快速逃离。如果名利是自私和不善的挡箭牌，那我选择不要。我在心里告诫自己，等自己有了地位万不可如此。因我实在不能把自己曾经感受到的这份冷漠与矫情再复制给别人，那是一种明知故犯。

从小到大，我都有在人间寻找天堂的奢望。后来我反省，这可能不是纯洁，或许是我没有智慧和勇气去面对污浊。突然发现善良也是一种愚痴，一种智慧的障碍。有些年总是想起那句话：“世事洞明皆学问，人情练达即文章。”在人情世故面前，我除了一点善良之外，既没有学问也没有文章。我有太多东西需要学习，需要感悟，需要成长，原来我一直没有长大。

身为一个年纪不小的女演员，我的容颜、婚姻、内涵、存在感已开始捉襟见肘。最可气的是，我对继续周旋在名利和热闹当中越来越没有兴趣。我很是着急，我分不清这是准备超脱还是懒惰。我无数次在深夜拷问灵魂，都没有答案。

一次，参加一个颁奖晚会。作为颁奖嘉宾的女演员年龄层各异，一些是比我年轻的，一些是比我年长的。我看到大美女们身穿性感礼服，珠光宝气坐在台下等待着曾经的幸运再次降临，我心中生起一丝凄凉，我仿佛看到十年后的自己。

我赶紧借助这个名利场，再次叩问自己：一、未来的数十年我还愿意在这万紫千红中争奇斗艳吗？如果是，我有足够的智慧心态在其中活得从容吗？答案是：够呛。二、自己到底有多么渴望金钱？愿意花多大的代价去获得？答案是：如果要我用心灵的委屈来换取，我宁可“玉碎”。我已经不想再受追名逐利的气了，我想活得任性点儿。

从小到大，我那机灵、热情、活泼、偶尔张扬的个性，使我一直认为自己是个成功型人格。可入行以来，几番挣扎几番牵挂之后，我发现自己不善争抢钻营。我也曾幻想自己某天突然红运当头，一夜成名，或者有些特殊通道能让自己弯道超车。但当这样的机会真的到眼前时，我总是无法突破自己的内心。一度我批评自己不求上进、消极、懒惰，但梳理内心后，我发现真正“作祟”的是我对内心平静的渴望。

从小到大，内心深处总有一种淡然的力量阻碍我去过度追逐某样东西，我只愿意为美好而顺其自然的事情去努力，甚至不想辜负那个儿时就想拯救世界的自己。我发现我原来一直在误解自己。我开始了解到自己原来那么渴望深邃的精神力量，其实这种渴望早就有所显现，只是那时的我没有智慧去定位。刚毕业的时候，拍戏都选择比较艰苦的，总觉得轻松里有某种肤浅，而苦难中有种莫名的深刻。

其实很多人内心都曾有过想要不顾一切去做什么的时刻，但又被现实利益或内心的恐惧阻挡了。其实这种强大的内心召唤，是我们的生命小程序中天然携带来的习气能量，那或许才是我们此生真正的使命。无论是成为画家、企业家、哲学家、美食家还是乞丐，人的每一个抉择都受这种宇宙能量的支配，没有一片雪花会落错地方。

今天这份不顾一切追求智慧的力量再次浮现，我不想再把它压制在功利之下，我想跟随它的声音溜达溜达，看看能溜达出什么来。

跟着心走

一个人若想任性地活着，是要付出代价的。事业会走下坡路，收入会减少，这的确需要些勇气。我开始有意与娱乐圈脱轨，从自己辛苦经营的价值感中抽身，心甘情愿地看着自己被拍在沙滩上。推掉因赚钱而拍的戏，降低生活标准，买便宜得体的衣服，尽量少开车。

虽然我是个晚熟的人，对人情世故和各行业的知识文化都知之甚少，但我对成功学和生活类书籍没有任何兴趣，独对中国哲学儒释道的思想着迷。我一头钻进书堆，有时一天都忘记吃饭，一两个月不下楼。那个时候结交了几个常给我送书的快递小哥，他们问我是不是开书店的。他们并不知道他们是我的信使，每天给我送来智者。为了感谢他们，我家门口常年备着矿泉水和热水，每次都请他们喝一杯。

几年间，我的灵魂一次次地被智者洗礼、开掘。读到喜悦之处，泪水常常夺眶而出，有时甚至会对着书鞠躬致敬。我每天如同捡钻石一般在书中拣择着智慧，记了大量的笔记。原来这些几千年的智慧一直静静地躺在那里，等待我们把它捧在手上，放进心里，而我们却一直不知道它的存在，一再错过。

一杯水只有静止的时候才能看见有多少浑浊，但也能看见那不曾失去的清澈。就这样，我甘之如饴地学习着，一晃四五年过去了。

不幸福的幸福

如果有人指着鼻子问你：谁是你生命的主人？你一定会非常确信地回答是“我”。纵然这个世界都是别人的，至少还有“我”是我自己的。

儿时的我们都渴望逃离大人的管教，在屈服之下隐藏着一颗强烈想要长大，自己做主一切的心。凡事自己做主，觉得是一件幸福快乐的事情。如今，我们已经脱离母体、家庭，成了一个独立的大人，只要不触犯法律，我们在极大程度上拥有了自主权，拥有了诸多名分，如教师、商人、农民、白领、董事长、艺术家、诗人等，我们可以按照自己的喜好来工作、穿衣服、染头发、熬夜、喝酒、发脾气，我们完全自主了。但是这个自主似乎并没有给我们带来多少快乐，相反，在自主的过程中却发展出了焦虑、恐惧、紧张、愤怒、怨恨、嫉妒等情绪，刚刚自主的心灵又被这些情绪控制了。

我们今天的愉快心情也许是情人的一句贴心的暖语，明天的愤怒可能是因为被人踩了脚，后天的失落也许是因为被朋友、同事误解。支撑我们快乐幸福的条件似乎都掌握在别人手里，我们快乐幸福与否都依赖别人的行为，我们真正的主人是别人而不是自己。

我们并没有获得预期的自由之后的幸福感，自由只是个错觉。我们聪明的头脑越来越想不出更好的主意来安慰自己的灵魂，你会发现无论我们多么经验老到，所掌握的道理都是局部的，总会有另外一个局部的道理来制约或抵消你这个道理。于是，根本没有完全轻松、绝对或彻底自由的地界。

这个世界上比人多的不是动物，而是人脑中的意见。大家在各种事情上都有自己的意见，为不同的意见吵闹个不停。只有一件事情大家完全是一致的，那就是想要幸福快乐的生活。

儿时，父母早早地就为我们勾画好了一幅幅幸福蓝图。在教导下，我们认为：有钱就是幸福；有权就是幸福；离开某个人就幸福，和某人在一起就是幸福。但真的拥有了这些，也并未得到如期的幸福感。

从小盼着长大的我们，长大后又怀念小时候的无忧无虑，觉得回到童年就是幸福；拥有了儿时梦想的财富，却最羡慕清贫的人，觉得能脱开事务去过简单的日子是幸福；我们历经波折地想与一个人组成家庭，结束单身，但结婚之后却又无比向往回到单身的自由。

幸福似乎对我们来说，永远都不是当下的事，我们一直在辛苦的现实中等待那个幸福节点的到来。可当它到来的时候，我们都不敢去认领它，享受它。因为我们已经在试图得到它的过程中丢掉了享受它的能力，我们早已积重难返。它越来越像一个理由，一个给予我们欲望带来动力的理由。我们被这个幸福指标搞得着急、上火、焦虑、烦躁、压抑。

幸福对于我们来说就像一笔贷款，永远在痛苦地偿还利息，却从来没有享受过本金带来的利益。为了短暂的快乐却付出长时间的痛苦，我们就一直这样不幸福地追逐着幸福，或者根本谈不上幸福。

我的哲学启蒙

大学哲学课上我接触到了西方哲学，那些理论听起来枯燥、干瘪，没有生机。我当时对那些哲学家很有意见，为什么不能把话说得简单点？老师讲着费劲，我们听着犯困。我觉得能把复杂的问题简单地说是一种贡献。于是，哲学课堂就成了补觉的好地方，大睡特睡，也不知道那些考试最终是怎么混过关的。

我真正的思想启蒙应该是在上海的南京路上。一天，我接拍了一条片酬 600 元的广告。工作结束后，我紧紧攥着钱，兴奋地行走在上海电视台旁边的南京路上。天气不冷不热，和煦的春风吹拂着我浓妆艳抹的婴儿肥脸。

路过一家不大的书店时，书架上一张与众不同的脸映入我的眼帘。那张脸上长满胡子，包裹着印度风情的头巾，双眼轻松地闭着，脸上的表情没有明确的内容，或者说能感受到的内容包罗太多，怎么形容都是挂一漏万。我的直觉告诉我，这颗脑袋里有我需要的什么东西，那个时候还不知道智慧这个词。我径直走进去，买下了那个书店所有他的书。

这个人叫奥修，印度当代智者。在他的书中，我第一次接触了“平静，喜悦，自然，安乐，智慧”等词汇，还读到了很多寓意深刻的故事。其中，特别喜欢他的一句话 ：“春来草自青。”什么事不要着急，不要刻意，万事万物都有它开花结果的时机。春天来了，草自然会青。

这些如诗如歌一般的言语，对于一个刚从粗犷的黑土地走出来的东北孩子来说简直太洋气，太温柔。我的心灵仿佛进了大森林，充满氧气，第一次感觉精神有了呼吸。除了上学，赚钱交学费，演戏，结婚之外，还有一个美好的境界是顺其自然，不需要挣扎，没有人逼迫。

我虽然没有达到书中描述的境界，却被文字的能量鼓舞着。我决定向一潭死水的西方哲学宣战，我抱着奥修的书找到哲学老师，希望她能看看，希望她能和我一样喜悦，并且将枯燥的西方哲学换成讲印度哲学。哲学老师很认真地对待了我的请求，表示回家后会仔细阅读。

几天后，我又到了她的办公室，当时她正在忙着收拾办公桌上的杂物。我问她这些书怎么样，这个在我心中重千斤的问题在她眼里轻如手中的纸屑。她没有停止手中的活儿，轻柔地对我说了两个字："一般。"在这两字进入我的耳膜时，我心里对她生起了巨大的鄙视。我认为她是个古板、教条、没有情趣的小老学究，她不懂得平和、喜悦、安乐、自由、智慧为何物。

我气宇轩昂地灰溜溜地走出她的办公室，仰首望向上戏的天空，傲慢之心油然而生，觉得搞艺术的人真是肤浅，知音难求啊。人类无知的主要表现之一，在对自己的误解。那个时候由于见识不够，对自己的误解非常大。

多年后再重读奥修，对他书中内容的理解，角度有很大转变，但奥修的确是最初照进我心灵的那一缕灵光。

父母深情

漂泊在外的人，思念父母是永远的泪点。无论走到哪里，父母总是沉甸甸的在心里。

从十六岁离开家上艺校，再到上海上大学，一直是和父母分开的。家里没装电话，思念父母的时候就写信。每个星期最温暖的时刻，就是在众多的信中一眼认出妈妈常用的牛皮纸信封。从东北到大上海三千多里的思念，都寄托在这小小的信纸上。每次打开信，就看到妈妈熟悉的笔迹，“小婷，你好”，眼泪就流下来。

第一个寒假，我生平第一次坐飞机回家。因为太想念父母和家乡，觉得飞机都慢，真是归心似箭。快降落的时候，我看到了家乡冰封的土地，我哭了。我看见了黑土地，我看见了冰雪，我回到了熟悉的家乡。

到家后，把行李放在院子门口，就往屋里冲，大喊：“妈，我回来了。”妈妈在厨房扔下火钩子跑出来。一见面，我和妈妈的泪水夺眶而出，但不知该说什么好。我说：“妈妈，你头发怎么这么长？你怎么不剪？”妈妈说：“等你回来给我剪呢。”

晚上我睡在烧得热乎乎的火炕上，迷迷糊糊感觉到妈妈在摸我。从头摸到脚，一边摸一边抹着眼泪。我假装睡着，紧紧地闭着眼睛不让眼泪流下来。

那个时候妈妈已经病退，因为有手艺，就在老家市中心开了一家店，支持我上大学的学费。妈妈因为手艺好，信誉好，生意一直非常火爆。为了多赚点钱，妈妈又租下旁边一个仅三平米的小屋，爸爸有空的时候会去蹲守接活儿。

那年放寒假回家，我刚下飞机就跑去小店里看爸爸。隔着玻璃窗，我看见还不到五十岁的爸爸两鬓长出了白发。爸爸在给一件皮夹克钉着扣子，三九天被冻僵的手吃力地把针线穿过扣眼儿。我忍不住心疼的眼泪，走进去问父亲，钉这个扣子多少钱？爸爸说两块钱。我说咱不钉，咱不挣这两块钱。爸爸说坐着也是坐着，闲着也是闲着，两块钱能挣就挣了。我当时暗下决心，无论自己在外边吃多少苦，都要努力赚钱，不让父母再为了钱而受累。

在花花世界的大上海，每吃到一样好吃的，我的眼泪都会情不自禁地掉下来，因父母没有吃到这些而难过。那个时候我最大的心愿就是我有了财力，把爸妈接出来，跟爸妈生活在一起，再也不分开。

我抓住一切能赚钱的机会。那个时候人均月工资两三百块钱，而运气不错的我接了一个广告代言就赚了七千块钱，就赚出了两年的学费。回家后我骄傲地对爸妈说，你们不用为我的学费操心了。等我稍微赚了一点钱，就迫不及待地把父母接到上海来玩，吃好吃的，买好衣服，心里无比满足。

毕业后，我不停地拍戏，收入不错，在北京买了房，把爸妈接来一起住，重新建一个家，了却了我的心愿。我赚的钱也都交给他们。吃穿用度不用说，拍戏时带爸妈住在剧组，边陪我，边游玩。休息时就陪着他们游山玩水。

平时拍戏，带着助理、司机照顾我；和爸妈在一起，我就是助理加导游。眼睛时刻不离开父母，就像他们当年照顾姥姥姥爷那样。看爸妈高兴我就高兴，爸妈满足的笑容就是对我最大的安慰和奖赏。

与父亲的战争

我跟父母一起生活了近二十年，起初还算和谐，久了矛盾日渐显现。从生活起居到饮食习惯，再到表达方式，都显现出不和谐。这是我当初完全没有想到的。

父亲是挨饿年代过来的人，对于吃穿的节俭到了我无法接受的地步。每次我去超市，我在前边往车里装，他就在后面往外拿。等到了收银台，车里几乎什么也不剩了。他不是不爱吃，是怕花钱。无论给他买什么他都拒绝，买了也不用，都放在柜子里。我满心想表达对父母的爱，却无处释放。

父亲对生活中的规矩尤为看重，说话做事必须规规矩矩，我们一不留神就会因一把剪刀一个杯子没有放回原处被他严厉地批评。妈妈出车祸后，爸爸二十年一直没有离开过一天，洗脚，洗澡，按摩，但嘴里依然是常常训斥和批评。

家里的剩饭是父亲一生的纠结。为了阻止父亲每天吃剩饭乃至有些变质的剩饭，我们严格计算每天吃饭的量和口味爱好，尽量不留下剩饭。可是一年上千顿饭，怎能计算得精准，所以矛盾经常发生。父亲不仅自己吃，还会因我们不肯吃而生气，我们左右为难。其实，我和哥哥在同龄人中绝对算是节俭过日子的，从不浪费食物和金钱。但是父亲这种节俭到苛刻的地步，对我们的挑战依旧很大。

父亲内心非常爱我们，但他不会表达，他会用批评、挑剔来表现他对亲人的关怀。心理学家说这种状态是因为对自己的情绪认知有偏差，不太能换位思考自己言行在别人那里起的反应。关于这一点，我也与父亲理论争辩了好多年，我执着地希望父亲明白爱可以有更令对方舒服和不被误解的方式表达，希望他不要对一些生活琐事太多较真，总是把一些危险放大，家是讲情的地方，不是纠察队。但父亲的脾气强硬到宁折不弯，不接受任何反驳意见。

我觉得父亲不懂得尊重孩子，甚至借着自己父亲的角色来欺负孩子。对于这一点，我非常不服气，常与父亲陷入僵持。但每次与父亲争执之后都很后悔，恨自己不能忍耐，不能包容，也渐渐意识到这是我人生最艰难的功课。

一天，父亲扔在我眼前一本《弟子规》，让我好好看看。当着父亲的面，我自然是不会看的。夜晚，偷偷翻开了一页，那页上面写着："父母过，谏使更，怡吾色，柔吾声。谏不入，悦复谏，号泣随，挞无怨。"这段话的意思是说：当父母有过错时，儿女要以恭敬的态度劝说，面部表情和声音都要柔和，而不是对抗的态度；如果父母不听，就再次劝说，即便父母因此发火打了儿女，儿女都不应该怨恨父母。看到这儿，我内心很受触动，扪心自问，我能否做到这一点？回答是很难。

说到这里，很多人会觉得我是被所谓高尚的逆来顺受洗脑了。在这个人人都追求平等自尊的新时代，这些标准像棺材板一样令人生厌。我起初也是这样认为，但反抗的同时心里总有一个角落不安。尽管父亲对待我们的态度过于强硬和缺乏理解，但我能不能有更好的方式去化解这种对冲，或者沉默，或者理解，或者一笑而过呢？毕竟父母不是要我们去杀人越货，损人利己，只是生活习惯和观点上的冲突而已，我要不要把这事上升到人权与自由的宏大层面？这样是不是又被所谓的西方民主自由给洗脑了？到底哪一种更正确，更颠扑不破？我的脑中开始烙饼般地反复思考。后来发现，任何理论在实战场景下都来不及起作用，多数时候还是被本能打败。

多次反复中，我仔细咂摸这其中的差异与症结，发现一切的不接纳和反抗的底层逻辑不是哪种价值观作怪，价值观至多是个帮凶，元凶是那个倔强、自私的自我。我们的自我无论多么弱小，都不会小到面对误解和批评而无动于衷，总是要反抗和据理力争，加之再被一些似是而非的观念拔高一下，就给自我再添新高，直至愤怒爆棚。我想我发现了叛逆的秘密，它与价值观没有绝对的关系，与自我的固执与执拗有关。

有文化有理论的人面对这类问题，更是困在对的道理中，认为自己的道理没有错，低头是一种对真理和人格的背叛。可悲的是，我和父亲几乎都是这类烈士型的同志，誓死捍卫自己认知的正确。彼此都觉得这样是为对方好，为什么对方就是不领情？古人总结这种情况叫“执善为恶”，就是执着自己的善也会变成伤害他人的恶。

多年前，在一次与父亲辩论到极致的时候，我被逼出一句震撼到自己的名言。我对父亲说：“这个世界比道理更高的道理是理解。”一瞬间父亲不说话了。这句说给父亲听的话，也被我自己的耳朵听到了。我瞬间反省，我一直要求父亲理解我的同时，是不是也没理解过父亲，或许父亲也一直试图用强硬逼出儿女的理解。那一刻，我仿佛扇了自己一个耳光，顿时在心里给父亲跪下了，觉得自己平时跟父亲的对抗与小人无异。

我猜想，在人性作用下的对错，是否都是自己看不见的偏见，是期待被疗愈的伤口，乃至客观规律就是人性偏见的规律。于是，我又想起那句智慧的名言："人在了解自己后，就再也不敢评价别人。"我们声色俱厉地要求别人时，恰恰暴露了自己内心的匮乏。强大且慈悲的心灵，应该没有对抗和敌人。

打那时，再面对父亲的强硬时，心中柔软了很多，也能脱口而出柔和的言语，以往掰扯很久的问题，很快就结束讨论。尽管问题下次还会再来，下次再同样面对就是了。人类的问题永远解决不完，只能化解，理解才能化解。美好的生命是在烦恼嘈杂乱象中活出一份清明的心境，而不是要求世界变得清明。

很多孩子因一句话、一个误解而记恨父母，这都是中了西方价值观念的蛊惑，无边界地放大了自我，任何约束都被视为奴役和压制。要求别人用高尚的道德来宽宥自己是以爱为借口的卑劣，是一种缺德的表现。不要要求父母改变，而要要求自己改变。如果没有这个觉悟，所谓的孝道就是掺了水。我不是在这儿唱高调，尽管面对父亲时我经常调整不到柔和心性的境界，但已经在心里明了这点。

我常想，如果此刻孔子作为我父亲的孩子会是什么态度。答案肯定是温和而顺从，这种顺从不是不明道理的愚昧，不是被奴化的习性，而是对他人深刻的理解与包容，是顺人而不失己的智慧。这不是一种反人性本能的高调，而是人的确可以到达的宽容境界，只是我们达不到而已。达不到，做不到，就容易不理解，容易批判，这是很多人误解儒家精神内涵的原因。

我读书不多，但我的良知直觉告诉我，这不是迂腐，这是一个人心性的境界，只因太高，一般人达不到。有很多人天生就能做得到，面对父母乃至他人的责难和为难，可以从容淡定，娓娓道来。我喜欢这样的人，不喜欢像自己这样的人。

反求诸己是良药

孔子讲："君子求诸己，小人求诸人。"意思是君子遇事都是反省自己的过错，小人则总是把错误怪罪到别人头上。现在几乎人人都在要求别人而不肯反省自己，仅仅家里的两三个人关系都处不好，有时候分不清是家还是战场。

有一个故事：两家邻居，一家每天安静和谐，一家每天争吵不断。一天，争吵家的男主人去和谐家取经，问问他家是如何做到不吵架的。和谐家男主人说我们一家人都觉得自己是小人，你家都觉得自己是圣人。此时，和谐家的女主人回来，一不小心被丈夫刚泼在地上的水滑倒了。丈夫赶紧上前扶起老婆说，是自己错了，如果早能想到老婆快回来了就不泼这盆水了。老婆也赶紧道歉说，早知道这里有水自己就走路小心点儿了。此时，吵架家的男主人瞬间明白了和谐家一家子的"小人"境界。

人性有一个特点，就是错误不让说，越说越不改。其实做错事的人心里都知道错了，但当错误被对方指出来的时候马上就不高兴，马上找各种理由为自己辩护。这几乎是每一对关系中的常规剧情，也是人天生的劣根。

有一对经常吵架的父母，在小孩四五岁的时候就会主动反省自己的错误，希望找出二人总吵架的原因。他们发现，当自己做了不妥当的事情，只要对方一讲出来，自己就觉得受到了指责，然后就开始为自己找各种理由辩护，吵架就开始了。二人商量的解决办法就是，以后遇到任何冲突，先主动检讨自己的错误，不要等对方说出来。从此，二人再也没有吵过架，双方比着检讨自己，看在一旁的孩子也跟着检讨起来。古人讲教育孩子，“身教则从，言教则讼”，父母做到了，孩子自然就改了。如果父母总是要求孩子的自己做不到，孩子一定不服气。

这对父母愿意为保护孩子而做出改变，但很多人是不肯为了对方或孩子改变自己的，而总是期待对方为了自己而改变。这是一种以爱为借口的自私。

检讨自己的错误，也不是矫情，因为毕竟错误找一找总还是有的，而对方在乎的也并不是事情的对错而是态度本身。主动检讨的这个态度已经平息了愤怒，问题就解决了。“居家戒争讼，讼则终凶。”一个家庭，总是争吵不休，每个人的运气都不会好。反求诸己是能解决这些问题的最快的方法，难就难在父母意识不到，或者习气深重而不肯改变。很多倔强的父母宁可每天活在争吵痛苦中，也不愿意每天拿出一点点时间学习提升自己的认知。越是混乱家庭的父母，越是没有时间和心境去学习；越不学习越糟糕，陷入恶性循环。一生很长，除非孩子自己能升华觉悟，否则一生都在父母的阴影下。父母能主动调整一下习惯行为，孩子会非常敏锐地感觉到，从而触发他的改变。

在这个处处讲公平的时代，人人都在用公平的标准来保护利益获得。当自己认为的公平标准达不到的时候，就会愤怒、抱怨，很多时候已经演变成锱铢必较、睚眦必报。人的心胸越来越狭窄、固执、计较。

中国文化认为，一直强调公平是小人的心态，中国人讲付出、奉献，讲滴水之恩涌泉相报。现在有些人会认为这几乎等同于蠢货的价值观。其实恰恰相反，当一个人肯放下自我的标准，肯放平心态去配合别人乃至接纳不公，不是糊涂和无知，而是同情理解他人的慈悲包容，一种看穿利益得失的智慧，他的心态是松弛柔软的，头脑是冷静的，这样的人活得更幸福。

一旦反求诸己，开始反思，就和普通人的境界不一样了，心胸就豁达了，看待问题的格局就大了，烦恼就少了。社会上这样心态的人多了，画面就更和谐了，大同社会就这样诞生了。这也是儒家圣人教化的意义所在。

被误解的《弟子规》

有很多人反感《弟子规》，认为是统治阶级奴役人民的工具，孝道这个词也带有家长欺压孩子的含义。我起初也带有这种偏见，但随着对古人智慧的深入学习，渐渐改变了认知。

《弟子规》是清代教育家李毓秀编写的启蒙教育的经典，是从四书五经中挑选出来的适合教育孩子的部分，总共1080个字，教了113个心理和行为规范。从生活起居的规矩到为人处世的态度，深入浅出，循循善诱。有人指出，《弟子规》中的“父母呼，应勿缓；父母命，行勿懒。父母教，须敬听；父母责，须顺承”，会把孩子教育成木讷的呆子。如果父母让孩子去杀人，孩子也得照做吗？我想这种认知都是自带偏激的，古时与今天的人性都是相同的，没有哪一位被奉为圣人的人会愚蠢到教化孩子去成为父亲杀人的帮凶，甚至是拔橛子的帮手。假设圣人的思想是迂腐的，那么这种反对的声音是否更迂腐？

“父母呼，应勿缓”，把父母的话放在心上，听到父母的要求就立刻去做，是对父母的尊重。现在多少孩子叫无数次都不动一下，把父母的话当作耳旁风，唠叨多了就怒气顶撞父母，恰恰是这样的孩子更需要“父母呼，应勿缓”的教育。这种在家不听父母话的孩子，到了社会也不会有合作精神，遇事更容易抱怨，心态更脆弱，烦恼更重。

也有人认为，孩子太听父母的话会抹杀创造性，压抑天性，其实现代人的痛苦恰恰都是因为太有个性了。人与人之间的冲突，几乎都是个性与个性之间的冲突。古人的教育是修正人性中的傲慢、懒惰、贪婪、骄纵，而不是压抑人性的善良与美好。“六艺”是培养能文能武、智勇双全、机智活泼的孩子，而不是死读书、迂腐、木讷的孩子。

一个听父母话，尊重长辈、守规矩的孩子，心地更加纯净、安静，不会因盲目张扬个性而搅乱心性，也不会因深陷恶习与欲望而戕害身心。而这些都要从小，点点滴滴地培养起来。作为父母的我们，必须要有自己的判断，不能盲目地、不求甚解地批判自己还没搞懂的文化，东方西方皆是如此。

手捧《弟子规》，我常想今人和古人的差距在哪里，为什么古人能做到而今人却做不到。我发现《弟子规》里对小孩子乃至大人的要求不是不合理，而是太高了。尤其对于强调个性张扬、自我乃至我自私我有理的现代智人来说，更加难以做到，甚至都听不懂。做不到就不会有感同身受的体悟，就会觉得是空中楼阁、不切实际的虚伪说教。

古人的智慧是同时看到事物的两面性及规律性，不会单一地宣扬其中的一面，他们深知偏激的危险性。近几十年，中国人深受西方文化中所谓自由、平等价值观的影响，追求个性释放，看似表面一片轻松活泼，但同时也释放出了暴力、贪婪、傲慢，这些都是伤害心灵的魔鬼。

人性是复杂而诡谲，好坏参半甚至是泥沙俱下。儒家告诉我们：“物无美恶，过则为灾。”“傲不可长，欲不可纵，志不可满，乐不可极。”任何东西必须有边界，过分了就是灾难。《道德经》讲：“反者道之动。”

任何事物最终都会走向自己的反面，如果不懂这个道理，好事会变坏事，甚至是灾难。

人性必须加以约束，才能达成美好。约束是修正人性中的恶与私，而不是压制善良与无私。古人教育孩子的核心手段就是“长善救失”，培养增长孩子人性中真善美的一面，修正假恶丑的一面。具体实施起来也绝不是刻板的教条主义，而是在动态中见招拆招调整平衡，也是《中庸》的智慧。

中庸不是和稀泥，而是在任何一种动态下，以根本为基础，能以恰当合理的方式处理问题的智慧。这些能力都要在生命初始就开始润物无声地培养、熏习，渐渐地，才能长成一个合格的人。老实说，现在很多人都是不合格的。

很多现代人非常瞧不起中国文化，盲目地大肆批判。在中华文化流变的几千年中，一定有变形、被肢解甚至变成统治者工具的时期，但这些都不能抹杀和篡改中华文化的本质。

一说到文化这个词，大家就觉得沉重，高深莫测。其实文化和文明的出现，都是为了解决人类生活中的实际问题。“经者常也，言常道也”，经典讲的都是人伦日用平常的道理。儒家的儒字，是一个人字加一个需字，只要是人就需要学习，就能学会，就能实践。真正的哲学都离不开生活经验，是智者圣人反思总结出来的人性与客观世界的规律。如果离开生活和人性谈哲学，那必定是空中楼阁，故弄玄虚。

中华文化是根文化，是源头文化。从源头上搞清楚问题所在，枝节上的问题迎刃而解。就像冬天树叶都落了，但到了明年春天树叶又自动返青，这就是树根的力量。中华传统文化就是中国人的根，是圆融的，整体的，能够滋养人类的心灵，生生不息。西方文化是强调个人的、个性的，甚至很多时候把个人主义凌驾在集体利益之上。而制约个性与欲望罪恶的又是极端暴力，以至于衍生出了暴力崇拜。先极端地释放，然后再极端地暴力制止，这是表面自由、平等之下，隐藏的自戕逻辑。

个性不加以约束，必然导致分裂，家庭分裂，集体分裂，国家分裂。西方文化中的既得利益文化，是在最短时间内追求欲望利益最大化，一批批蒙昧无知的孩子，被个性、自由、人权、平等这些口号挑拨得晕头转向，仿佛西方的一切代表着高级、先进，其实究其本质，就是刺激欲望并收割欲望衍生出的财富而已。当一个国家的人民眼里只有欲望和金钱的时候，他们就不会再相信仁义道德，亲情淡泊，人性涣散，失去了身为人的觉悟，彻底沦为动物。这时，这个国家就已经垮掉了，不攻自破。而现在的孩子根本不具备这种辨别力，这种辨别力来自深厚的文化根基与人性修炼。十年树木，百年树人，非一日之功也。

记得很多年前有部电影叫《大腕》，里边葛优老师演示了什么是普通人和圣人的区别。他捡起三个石子，一个扔在眼前，说你能看这么远，又扔出去一个比较远的石子，说我能看这么远，又抡圆了膀子抛出去一个石子，说圣人能看这么远。中华智慧是穿透表面直击宇宙万物本质的智慧。我们因太缺乏这方面的学习，一直在误解着古人和他们的智慧。

教育的四个阶段

古圣先贤讲，教育分几个阶段。第一是幼儿养性，第二是童蒙养正，第三是少年养志，第四是成年养德。

幼儿养性，是指小孩 0—3 岁。小孩虽然不会说话，但他们对情绪环境的感知力是极强的，他的大脑细胞能接受你给他的态度，从而影响他的性格养成。

幼儿养性，就是养他的性情，爸妈对他的态度决定孩子的性情。这个阶段是培养孩子的直觉，孩子的交流不用言语，是用直觉。妈妈对他微笑，他感受到的是爱的接纳。如果对他发脾气，他的大脑接受的就是一种负能量，将来孩子性情会浮躁不稳定。

很多父母都说孩子还小，不需要教导，等长大了就懂了。这是非常大的错误。人与生俱来就携带了一切情感、情绪、脾气、秉性，在妈妈肚子里就具备了这些。婴儿你不理他，他就会哭，你逗他时，他就会笑，这都是与生俱来的，不用教。小孩子最会看大人脸色，他完全看得出大人的高兴和不高兴。孩子在大人身上最先感受到的是态度和情绪而不是道理，大人对于孩子的态度，其影响重于说教。

我有个朋友，孩子三岁。一天，我替他妈妈看管他一会儿，我提议和他玩游戏，我扮演孩子，他扮演妈妈。没想到，这个孩子突然脸色一变，指着洗手间让我把自己关起来。我问他为什么这样，他说妈妈平时就是这样的。那一刻，我心里触动很大，感觉到大人的思维方式、内心的善恶、说话的方式、语气的轻重，都时刻塑造着孩子的下意识和人格品质。

还有一次在飞机上，一个仅有七八个月大的婴儿不停地哭，孩子的母亲满脸厌恶和气恼地打着孩子，那种厌恶好比憎恨仇人。我无比心疼，一个孩子如果一直被严苛地对待，会在生理上留下伤痕，会破坏孩子对这个世界最原始的信任和安全感。这份原始依赖没有被满足过的孩子，长大后会在各种关系中一遍遍地寻求温柔和包容，直到遇到一个持续耐心理解接纳他一切的“上帝”出现。但在生活中遇到这样的人的概率并不高。

美国一部纪录片，采访了很多监狱里的犯人，问他们为什么要做伤害别人的事情，发现他们都有一个共同点，就是超级在乎面子，把别人对他的尊重看得比命都重要，宁可不要命，都要别人给他面子。这样的人多数都是从幼年起就没有得到应有的尊重，犯错误后那颗脆弱的心也没有被好好地引导。这个世界没有坏人，只有没被好好爱过的人。爱能疗伤，爱能止痛。

人是经验型的动物，对经验之外的事情很难了解。没有被爱浸泡过的孩子是爱盲症，他不知道人们口中每天说的爱是什么，不知道爱的样子，不知道什么才是爱的眼神、爱的语言、爱的动作。我们父辈这样的人很多，由于历史社会等原因，他们没有机会被好好爱过，自然也不善于给予子女这样的爱。我们要懂得理解，并且不要重复他们生命的短板。

童蒙养正，大约在5—14岁，《弟子规》就是童蒙养正。什么是正？孟子讲：“先立乎其大者，则其小者不能夺也。”人先立住根本，身心就有根基，就不会被一些乱象牵引走。

《弟子规》讲：“首孝悌，次谨信，泛爱众，而亲仁，有余力，则学文。”古人把培养启发孩子天然的善良本性放在学习知识的前边，孩子如果没有把善良、仁爱、忠义的心性培养起来，有再多的知识都不能算是个合格的人。我们在新闻里见到过很多学历非常高，但道德与心态都有很大缺陷的人，原因就是缺乏德性的教育和扎根的过程。

养正的过程，从外在讲，是养日常生活起居的行为规矩；从内在讲，是养恰当看待处理事情的心态和方式，会洒扫、知进退、懂应对，此中蕴含着深厚的智慧。很多糊涂的家长不看重这些，完全看重孩子的才艺和考试成绩，不会扫地、擦桌子不要紧，但是不会才艺让家长崩溃。这都是功利心在作怪。他们不懂得支撑孩子一生幸福快乐的不是金钱和地位，而是智慧。

东汉有个少年叫陈蕃，他整日读书，学识渊博，从小立志拯救天下。一天，他父亲的朋友要来家里，父亲让正在读书的陈蕃打扫下屋子。陈蕃说：“大丈夫处世，当扫除天下，安事一室乎？”父亲当即反问：“一屋不扫，何以扫天下？”陈蕃脸红羞愧。

现代人看不起做家务这等小事，觉得这技能又不能换钱又感觉低人一等。大家不要小看做家务，看似是在让孩子干活儿，其实是训练孩子的内在观察能力和解决问题的逻辑，同时也锤炼了孩子的耐心和承受力。少年若天性，习惯成自然。如果不在很小的时候就培养这些能力，等长大了再培养，孩子就会抗拒。

曾经有一个夏令营的孩子，每天的鸡蛋都不吃。老师问他原因，他说他家的鸡蛋壳儿是软的，和这里的不一样。可想而知，这个孩子从来没有亲手剥过一个鸡蛋，也没见过一个真正的鸡蛋。人是经验型的动物，认知高低就是自己知识与经历的总和。经历过才能有一手经验，才能真正触动内心的成长。这种能力是书本之外的综合能力，也是成为合格的人的必要基础。童年的习惯，无论好坏都会伴随终生，是不可忽略的人生必修课。

第三是少年养志。王阳明先生说过：“志不立，天下无可成之事。”很多伟大杰出的人都是少年时期立下此生的志向目标，而后用一生去追逐实现。古今立志的榜样至今鼓舞着我们，如断齑画粥的“不为良相，则为良医”的范仲淹，“宁向西天一步死，不向东土半步生”的唐玄奘，“为中华崛起而读书”的周恩来总理，等等。他们都是在少年时期就确定了为之努力的人生志向，无论遇到多大的艰难险阻，都不改初衷。

有些有天分才华或使命感的人，冥冥之中，早早就能受自性的指引，知道自己的人生兴趣和目标。但不是每个人都能在少年时期寻找确定人生志向，大多数人一生也不知道自己有什么志向。志向并不一定要多么高远或与众不同，可以很平凡，哪怕是当一个称职的保洁员、公交司机都可以。人的伟大不在于轰轰烈烈，而在于能认真持续做好每一件小事。志向不分高低贵贱。

人有了志向，就有了动力，就会发掘出潜质和焕发生机，自动摒弃负面的东西。人的精力如果不朝正面释放，必定朝向负面，并向动物性退化。孩子的网瘾、颓废、懒惰，多是因为没有找到自己的兴趣志向，或者父母没有引导出他的志向。

几年前，我去一个非常大的女子监狱做分享。在分享过程中讲到要立志改过，重新做个好人的时候，我能看到很多女犯人眼里隐约的泪光。吃饭间，监狱的一位女管教进来激动地对我说："金老师，今天的讲课效果特别好。平时下课，在狭窄的门口大家总是会因推搡而打架，而今天当大家又不经意地剐蹭的时候，本能地都闪躲一下，让别人先走。"我很受触动，是啊，人人都想当个被人喜欢的好人，不喜欢成为被人鄙视的人。对于这些犯过人生大错的人来说，立志当一个好人是志向。

志向是人的内在动力，找到志向，就如同找到恋爱对象一样痴迷和精神焕发，无须任何人催促监督，自己就会主动去做一切相关的努力。志向可以使人堂堂正正、神采飞扬。少年是立志的好时机，"少年一步，人生百里"。年少的时候立下志向，在体力、头脑的黄金期努力，往往事半功倍。即便出现错误都是宝贵的经验，还有时间去弥补。不要等到蹉跎了年华和心力，那时就只剩了自艾自怨的份儿。

第四是成年养德。人随着年龄的增长，身份的增加，一颗单纯的心再也应付不来这复杂的世界。特别是为人父为人母后，道德品质会受到全方位的挑战。很多为人父母的，道德感模糊，自私自利，价值观颠倒。没有道德的父母，培养不出君子品德的孩子。

有一个 18 岁男孩的父亲，离异多年，经常带陌生女子回家过夜。上半夜在自己的房间，下半夜就送到儿子房间。起初儿子非常害怕和不解，父亲说，男人这辈子无论有钱没钱，都是为了和更多的女人睡觉，他希望儿子也能有这种“享受”。后来没多久，这对父子就双双被警察带走了。

也有很多人认为，太遵守道德规范是赚不到钱的，只有等有了钱才可以遵守道德。然而，有这种想法的人，即便有了钱也不会遵守道德，因为金钱不会改变人的贪婪和蒙昧。道德与金钱没有关系，我们见过有钱而无德之人，也见过安贫乐道的有道德的君子。

《论语》讲：“知及之，仁不能守之，虽得之，必失之。”一个人靠聪明得到的财富，如果不能用仁德的品质去保有它，必将失去。

孔子讲：“见得思义。”获取财富时，要考虑它是否符合道德。利益并不都是吉利，也有凶利，不符合道德的利就是凶利。比如很多贪官、不法之徒，以为得到了金钱可以挥霍享受，结果没多久就东窗事发。大部分人在金钱利益面前都禁不住考验，这是地球上最尖锐的挑战；能禁得住考验的，都是内心对道德有着深刻认知的智慧之人。

父母和孩子的玻璃心

中国文化是家文化。家就是中国人的教堂，家长就是教主，父母的观念、行为对孩子的影响是巨大的。

熟悉我的人都知道，我的侄子从小就和我生活在一起。这些年我在教育侄子的问题上几度风雨、几度春秋，有深陷盲区的酸楚，也有超越后的喜悦，总体很酸爽。根据个人片面的经验，我发现没有任何一种教育方法可以精准地适用于所有家庭，在这个孩子身上有效的，在另一个孩子身上可能适得其反，教育是一个在动态中找平衡的活儿，能悟到多少，在于家长的悟性。

为了教育侄子，我读了上百本关于教育的书，基本上都是西方的。里边很多观点也常令我醍醐灌顶，但总体改观不大。原因不在书中的理论，而在于我的心性还处于蒙昧。成为引领教育别人的人，自己的境界必须先过关，否则都是自以为是的鲁莽。

初为父母的人心中普遍有恐惧和不安全感，在教育和体恤孩子方面，则更是只有舐犊之情而无方式方法。我们小时候被父母误解、打骂，觉得都是天经地义的，心里没留下什么阴影，心胸宽广，神经大条，该吃吃该睡睡该淘淘，没有几个忤逆不孝的。可现在的孩子说不得、教育不得，叛逆情绪弥漫每一个细胞。现在的家庭六个大人盯着一个孩子，孩子不骄傲不脆弱都难。即便父母想锻炼孩子吃点儿苦，爷爷奶奶肯定先疯了。与其说是孩子需要爱，不如说是家长需要释放爆棚的爱心。

受过一点现代教育的父母，会把对孩子物质上的过度照顾，延展到精准的情绪照顾。孩子的情绪瞬息万变，家长也就跟着坐过山车，天上一脚，地上一腿。这种爱是一种过度承担，把孩子自己该承担的碰撞与成长的机会抹杀了。“太会爱”也是一种问题。

父母能意识到在教育孩子认知上的盲区，固然是非常珍贵的，但如果父母都被调教得如香皂和德芙巧克力一般顺滑，孩子将来如何独自面对粗糙和无情的社会？精准细腻到汗毛孔的各种家庭教育，已经把素质参差不齐的家长训练成“圣人”了，孩子有一点不高兴，家长都觉得是自己没做好，跟犯罪了一样，陷入后悔与自责，每天草木皆兵，生怕稍有闪失，就给孩子心理留下终生抹不去的阴影。这使得孩子和父母的心都变成玻璃心了，还没碰，就碎一地。

爱孩子是人的本能，但仅仅靠舐犊之情是教育不好孩子的。人性是复杂多变的，玉不琢，不成器。孔子就讲过，“吾未见好德者如好色者也”，说的就是人与生俱来的先天的劣根性。好钢都是千锤百炼出来的，刀不会天然锋利，必须经过磨砺。磨砺和砥砺都是相互的。不大合格的父母，可能会磨砺出一个内心强大的孩子；“完美”的父母，可能滋养出一个情绪脆弱的孩子。

我就认识很多在心智上比自己父母更成熟的孩子，他们常说我绝对不会像父母对待自己那样，对待自己的孩子。他们比被无微不至呵护长大的孩子，更具有智慧和承受力。

纪录片里，有些动物幼崽刚出生不久，就被父母赶出家门去练习生存的本领，有胆怯的孩子跑回来，就会被父母无情地咬出去。很多家长太想让孩子舒服、不受苦，活得有优越感，这是父母心中的自私“鬼”在作祟。

父母的价值观直接影响孩子的生命轨迹。家长都希望孩子有出息，可是什么叫出息？是学历越高越好，钱越多越好，地位越高越好？家长的潜意识里都在用世俗的成功标准为孩子做着人生决定。有几个家长敢于把自己做清洁工、快递小哥的孩子定义为有出息？

父母和孩子之间的健康关系应该是松弛的，不应该是由单方面过度承担才能平衡的关系。我们做父母的也经常高估自己解决问题的能力，其实一生中能真正解决的问题是很少的，绝大多数都是被命运牵着走。有时候要把解决问题的权利交给孩子，磨砺够了，时机到了，很多问题自然会解决，解决不了的也就不解决了。我们自己又何尝不是带着一身的伤痕活到现在，为什么不允许自己的孩子有伤痕？

世间没有控制出来的完美，接纳使一切完美。性格命运的形成在能量层面是极为复杂且有规律的，所以大可不必把所有不幸都归咎于父母教育和原生家庭，人类要为自己的成长负起绝对的责任。长期习惯索取和逃避责任的人，即便拥有完美的父母，依然不会阳光。问题不在别人，而在于自己是否肯成长。我们和孩子都一样，都需要百炼才能成钢。

溺爱和严厉的父母

现在家长的教育方式粗浅总结，有两大方向：一是过于溺爱，二是过于严厉。

溺爱型特点是，父母过于看重孩子，心疼孩子，对孩子过度奉献，此生就是为孩子而活，不能看到孩子有任何一点不如意，不舒服，孩子的每一根毫毛受伤都会令他心碎。过度代替孩子承担，会阻碍孩子自身人格发展，压制孩子本来具有的成长功能。

孩子跟树木一样，有其自身成长的欲望和本能，这种本能如没有被好好开发，就会向动物性退化。这样长大的孩子会演变出一套自我保护的假人格，心态脆弱，没有丝毫的抗压能力，心胸狭窄，脾气乖张，自私自利，极为看重别人的评价，常用金钱作为自信的支点，用傲慢和逃避来给自己营造舒适区，但是内心随时会崩盘。

这样的父母把保护孩子视为保护私有财产，孩子没有吃亏就是自己没有吃亏，孩子舒服就是自己舒服。这对孩子不是恩而是害。韩国有部电影，儿子已经四十岁了，母亲还给他喂饭，甚至擦屁股。在母亲心里，这是她对儿子的爱，其实是极端自私甚至变态地剥夺了孩子成长的权利。她捆绑了孩子的精神，使孩子沦为母亲的玩偶，以此来支撑母亲的存在感和控制欲。她本身才是“杀死”孩子的刽子手。

过于看重孩子的父母也会变成懦弱的父母。我曾在一家医院门口看见一个五六岁模样的孩子暴怒地指着自己的父母大骂，为什么不给他买玩具？父母双手拎着来看望病人的水果，如同犯了错误的小孩一样，低着头不敢接话。围观的人看不下去了，示意父母该用点力度制止，而这对父母满脸为难，一句批评的话都不敢说。

有很多父母是不敢打孩子的，打孩子仿佛就在打自己的心，还没打自己就先受不了了。这不是爱，这是极大的自私。把孩子看成是自己的东西而不敢伤害“自己”，因此把孩子纵容成刁蛮自私的人。大人固然不能因控制不了火气而打骂孩子，但当孩子无理取闹，适当的有力度的制止是必需的。很多脾气乖张的小孩会把父母的温柔当作得寸进尺的机会，内心只想赢得自己想要的东西，而不是建设所谓的道德。这样的孩子，要用点有力度的管理才能令他改变，让他知道边界。

过度为孩子担当的父母会培养出“妈宝”。无论孩子多大，父母都觉得自己对孩子有绝对的掌控权。即便孩子成家了，也要持续干涉。表面上是替孩子分担生活压力，内心是他接受不了孩子不依赖他而独立地活着。他们会和孩子的伴侣争风吃醋，争夺主权。孩子也会觉得自己如果偏向爱人就是背叛父母。

很多父母最后把孩子搞离婚，孩子又重新回到他的身边。然后，他们又开始每天着急尽所谓的父母的责任，为孩子重新寻找伴侣。他们为孩子挑选伴侣会比较看重经济条件，保证孩子婚后生活要比在自己身边更优越，最好是只享受不付出，这样他们才觉得值得。

如果孩子天性善良温顺，就会一直乖乖地甘愿接受父母这种爱的控制。如果孩子个性不好，很可能会被娇惯成狎昵恶少，严重者会危害社会和他人。

严厉父母的特点是教条、固执、爱挑毛病，用放大镜来看孩子的缺点，几乎不肯定任何优点。潜意识里也把孩子当作控制对象，严厉也是一种控制。把对错、道理、规矩放在绝对正确位置的父母都会对孩子过于严厉，日常小事孩子稍有偏差都会令他们大发雷霆，上纲上线，孩子做什么他们都不满意，会把一点小失误放大成灾难看待。

这样的家长是把自己内心的恐惧投射到了孩子身上，通过修正孩子的“错误”来安慰自己内心的恐惧，并误认为这是对孩子的爱。这是他们终生看不清的盲区。他们潜意识里希望孩子是完美的，因为完美代表着没有错误，没有错误就没有危险，没有危险就没有恐惧。

很多天生性格敏感脆弱的孩子遇到这样的家长就是雪上加霜，早期在父母那里留下的心理阴影可能携带终生。有些孩子会因为父母的一句误解的话，终生不能原谅父母。除非长大后遇到真心包容和持续体恤他的人，或者用提升自我认知来疗愈童年留下的疤痕。

孩子在小时候最容易接纳的是态度而不是道理，如果父母一直给孩子讲道理而不能给予轻松包容的态度，孩子就会感觉到不被爱；被爱的需求不能被满足，就会积累怨恨。

严格不是严厉。严格是遵守合理标准，而严厉是过度的苛求。这样的父母会绝对化、非此即彼地看问题，看不到事物发展的另外一种可能。他们会把孩子的可爱看成幼稚，把孩子探索事物边界的行为看成不懂事，孩子向父母索爱会被看成脆弱，孩子犯错时更是如同犯了罪一样被教训。

总之，全是父母认为的正确，唯独没有对孩子的温柔和理解。他们在指挥孩子的同时，内心有一种肆无忌惮地释放权威的成就感。为了维持在孩子面前的权威，不惜对孩子恶语相向、讽刺挖苦。而这一切都可以用“都是为你好”一言以蔽之。如遇到敢于挑战父母权威的孩子，父母的反弹就更大，最后两败俱伤，一生不能和解。

曾经有一个小女孩，画了一张“我眼中的父亲”。她画的是一个瘫软在沙发上，表情严肃有些狰狞的父亲。父亲看后大发雷霆，说我这么爱你，把最好的东西都给你了，而我在你眼里居然是这个形象。女孩委屈地大哭，因为她诚实地画出了自己眼中的父亲。相信这种印象一定是平时孩子看到的。在这个父亲脑中，认为自己是一位高尚而伟大的父亲形象，而生活中的真实却是截然相反的。他对自己的行为有着极大的认知盲区，这个盲区阻碍了他所有的反思，无法跳出来客观看自己。

小孩子对生活没有认知经验，不懂大人为什么把这些事情看得这么严重，小题大做。看着父母严厉的脸色，听着否定、挖苦的语言，孩子会觉得父母爱的是正确而不是自己。

这样的父母，内心还不及孩子坚强、坦诚。他们对爱的认知是错位、僵化、责任化的，什么都有就是没有爱。

过于严厉的父母都是争强好胜的父母，自己内心还是个孩子，极其脆弱和紧张，不成熟。但做了父母又必须假装全能，扛起那个自己都还没搞懂的爱与责任。本来心虚，又想当好家长，所以就非常怕在孩子面前露馅儿，越害怕就越武装。他们非常害怕在孩子心中的权威地位被否定，也会把与孩子有关的一切看成是权利和面子的争夺。

做了家长，天然获得了父母的强权，这份强权又使得在自我盲区上叠加了一层盲区，于是他们会在孩子身上肆无忌惮地使用强权。他们再也听不见孩子的心声，再也不能把孩子视为一个有平等权利的人，更不要谈犯错误的权利。但单纯的孩子不懂这些，他们的单纯会时刻挑战父母的盲区，令他们暴躁抓狂，于是双方就开火了。二者的心灵之间仿佛隔着一个银河系，白天不懂夜的黑，就是这样错位着，一错就是一辈子。有的父子或母女终生不能和解。

尽管父母生养了孩子，和孩子有着血浓于水的亲情，但过于严厉也会破坏这种亲情和恩情。很多家长很不解，认为自己对孩子几乎付出了所有，孩子竟然因为一点小事就不原谅自己，他们感到无比伤心。其实这个小事只是导火索，背后是无数次的误解累积的怨气。

爱的本质是放下自我本位主义的换位思考，是对自己盲区的深刻自省，是对他人痛苦的深深理解。而这些都不能仅仅靠粗浅的责任来完成，需要极大的悟性和爱的能力。很多父母宁可为孩子付出生命，都不愿意学习改变，无法跳出盲区反观自己。这是亲人之间最大的悲剧之一。

父母的语言

语言是这个世界上最廉价也最高贵的东西，可以是粪土，也可以是宝珠。“良言一句三冬暖，恶语伤人六月寒。”我们总觉得伤害身体是严重的，语言则无足轻重。其实，恶语就如同杀人不见血的刀。有句话说：“家长的嘴就是孩子的命。”很多父母对此却完全不自知。

无知等于暴力，评判即是虐待。他们非常情绪化，不能客观看待孩子的错误，用刻薄暴力的语言发泄心中的不满和恐惧，而这些语言会像魔咒一样紧箍在孩子的脑子里挥之不去。父母的语言就是孩子的心理环境，是长期的心理暗示。正面积极的语言会使个性懦弱的孩子变得自信阳光，负面否定的语言会让本来阳光的孩子变得忧郁、压抑、叛逆。

很多攻击性性格的父母，情绪化时讨厌甚至厌恶孩子，事后也总是用“刀子嘴豆腐心”一言蔽之。其实在动刀子嘴那一刻就是刀子心，没有那个心就没有刀子嘴。言语刻薄、傲慢、紧张，一定养不出平和、阳光的孩子。《弟子规》讲：“言语忍，忿自泯。”如果能及时闭嘴，火气就会慢慢消退，头脑也会冷静。避免了对孩子的伤害，也更容易表达清楚自己的观点。

父母不能放松，孩子就紧张。紧张的父母心里没有阳光；只有父母内心光明，才能照亮孩子内心。但在光和黑暗较量时，我们大多都被黑暗吞没。先认出光明，才能成为光明。

无知的父母和有感的孩子

父母的最大盲区，就是认为对孩子有百分百的控股权，并以爱的名义控股。这几乎是一种本能，不用人教，人人都有，或多或少而已。

真正的爱是源于本能而反本能，人必须有修正本能 bug 的能力。但遗憾到处都是。有些父母在内心混乱崩溃的时候就会后悔生下孩子，或者远离抛弃孩子。内心狼藉一片，被生育的功能推举成父母后，更是无法面对如小动物一般的孩子。他们不理解生命，更不知道该承担什么具体责任。这对无知和愚钝的心的确是太大的挑战，于是，他们选择逃避。

说也奇怪，这样的父母常常遇到懂事、厚道的孩子。孩子很小就展现出聪慧和灵性，天然懂得很多道理，内心强大，甚至会主动帮父母兜住过失，原谅父母的所有失职与过错，为父母养老送终。对父母的依恋也是天然的，无论父母多糟糕，怎么误解打击，孩子都不会抛弃、背叛，宁肯背负满身的伤痕也要忠诚地守护在父母身边。父母是他们一生获得温暖和爱的源泉，如果否定了父母，无异于把自己关进冰冷地狱。出于本能的自保，他们也愿意把父母假设成是美好的。这是美好的人性使然。

这样的孩子是父母一生的依靠，最终都能感动父母生起惭愧心，变成更好的人，起码面对孩子的时候是如此。

会道歉的父母

性格强硬倔强的父母或许一辈子都无法和孩子温柔说话，即便意识到自己有不妥之处，也依然保持着父母的绝对心理优势。他们觉得在孩子面前服软，就失去了权威和掌控力。他们不知道，真诚的道歉反而能获得更高的尊严。

父母的道歉在孩子心里有如核武器一样的威力，会瞬间击垮孩子的倔强、叛逆、不听话。同时，父母也会发现原来孩子没有那么倔强、无理、不听话。这会消融二者之间的很多隔阂与积怨，从内心深处增加彼此的感情。

没有一个孩子天生愿意把父母想成坏人，父母在孩子心中的崇高和神圣始终存在，这也是孩子对父母必须完美的苛求所在。

如果父母给予太多严苛，会破坏孩子本来脆弱的承受力和甘愿臣服的美好情感。孩子比大人道德感更强，他们天生想做好人，想完美。孩子对父母比父母对孩子更善意，更忠诚，更依赖。

难缠的孩子

每个孩子的性格都有差别，有些先天是比较难缠的，这与遗传基因有很大关系。通常有这样的孩子，也有同样问题的大人。比如：自私、敏感、心胸不开阔、胆小、恐惧、软弱、逃避。

一个态度，一个眼神，一句不经意的评价，都会被他们定义为伤害。他们对批评极其敏感，对肯定需求爆棚，任何建议和指导都会被视为对他的轻视和否定。因为内心的脆弱，善于快速为自己的弱点找到借口，来保持心理优势，甚至不惜扮演可怜、凄惨，否则就会觉得底线不保，陷入抓狂、烦躁、自卑、怨恨。更容易藐视权威，不肯臣服，并且在聪明得逞后会窃喜自己的机智。如果引导不当，容易变成边缘人格，在家与父母相爱相杀，在外与社会规则对立。

这样的孩子由于先天性格特点，更容易惹怒父母，双方很容易变得敌对，孩子会更加遭到父母的疏忽、冷漠、怨恨。遇到这样的孩子，对父母的情商和综合素质是极大的挑战，对于智商不够、急躁的父母更如同灾难。有很多父母会因孩子的性格不好，而恨自己的孩子。这个时候父母就要问问自己，愿不愿意为了自己和孩子的关系而学习改变自己。看似是为了孩子改变，其实是为了自己能有个和谐宁静的日子。与孩子的关系不好，一生都不会安心。

这样的孩子格外需要关注和理解，父母不要过度在细节上较真，不要总是用放大镜看孩子的偏差，要抓大放小。很多父母会因孩子打翻可乐、没有系好鞋带、拿筷子的姿势不对等琐事，大发脾气，评判，定义，甚至挖苦孩子。因在小事上过度纠正而与孩子矛盾深重的案例比比皆是。这里说的重点不是不让家长教育孩子，而是说教育孩子的态度和心态。好的父母，即便孩子做错事，都会让孩子感觉自己是被爱的，而不是被贬低和讨厌的对象。

父母经常在小事上和孩子发生冲突，在大事上就更加失去掌控力。一个长期给予孩子理解和耐心的父母偶尔严厉地批评孩子，孩子不会感觉受伤，因为在长期被善待的感受中，孩子已经确定了父母是爱自己的，内心不慌张，很有底，不会轻易怀疑父母对自己的爱，即便被批评也不会叛逆。相反，平时过于严厉和苛责孩子，孩子无论大事小事都会逆反，急躁和过于较真使得父母失去了本该有的话语权。

在长期苛求、批评、挑剔的环境中，孩子感受不到父母的爱，很多孩子一生都觉得父母不爱自己。家长应该改变看待孩子的角度，轻松温和地引导孩子，有时可以用启发和游戏的方式。这样的孩子往往都非常聪明，内心知道对错的界线，叛逆和倔强只是为了报复父母平日对他们的误解和忽视。当允许他们在小事上有自由度的时候，他们会感觉到被允许的轻松，心中的积怨就被疗愈了，从而会自我纠正。要求苛刻的家长总觉得孩子不听话，对待孩子只有长久持续的爱与耐心，孩子才会听你话，父母才有话语权。只有爱能治愈叛逆，换回来听话的孩子。

这样个性的孩子通常很自我，与他交流时要把理解和肯定放在第一位，再看他的情绪给予温和的建议，再给他多几个选项来做决定，帮助他分析每个选项的后果。这样他会感觉自己被尊重，获得了他想要的尊重后会放下防备，打开心门。但有时为了达到自己的目的，比如虚荣、欲望、夸赞等，他们也会得寸进尺地欺负大人。这时候，大人也要适当亮剑，揭穿他的自作聪明和自私，让他知道边界所在。但这招儿不能常用，要用在刀刃上。

了解才能化解

每个人都在努力地与他人交流，看似是在交流，其实不如说是等着被人接纳。我们总是希望别人能理解自己，能听进自己的观点，自己却不愿意去听懂对方的话。这是人类的通病。

很多父母和孩子之间、夫妻之间、朋友之间，一生都生活在白天不懂夜的黑的冲突中。冲突不断，但找不到原因。有一对结婚多年的夫妻，每年到结婚纪念日都必定吵架。妻子认为丈夫应该送花给自己以代表爱情还在，而丈夫觉得这个行为是无聊的形式主义，二人永远错位，最终离婚。沟通不是在沟通言语本身，而是背后的情感。每一句言语背后都是一个情绪、一个诉求，甚至一个伤痕。

我有一个朋友，小时候因父亲没钱给他买电动玩具而怨恨父亲。父亲总是亲手给他草编一个小笼子，带他到山里去捉虫子。与电动玩具相比，这个笼子无比寒酸。四十几岁，父亲因病去世了。二十年后，我这位朋友有了自己的孩子，一年夏天他希望孩子能多接触大自然，就带儿子去草地上玩。在路边买了一个蛐蛐笼子，跟父亲当年给他编的小笼子一样。他满心热情地希望儿子能喜欢这个代表父爱的笼子，但儿子却毫无兴趣地把笼子扔在一边。他顿时想到自己当年也是这么对父亲的，顿时泪如泉涌。二十年后的这个瞬间，他突然读懂了父亲那个举动的内涵，那是与他此刻爱自己儿子一模一样的爱。这份理解虽然迟到了二十年，但依然是无比珍贵的。因为，还有很多亲人之间一生都没有达成这样的理解。

我们和年迈的父母之间也有同样的不理解。我们不明白为什么曾经那么能干的父母变得像小孩子一样不讲理，古怪，任性，有时甚至故意和你过不去。很多父母的变化开始于退休之后，他们被边缘化，失去了自我价值感，仿佛从悬崖上跌落一般地失落和无助。

我们因为没有经历过老年，所以体会不到老人的心境。其实这种心理也不难体会，可以假设我们这些正处于蓬勃奋斗期的人突然被离婚、破产、得了绝症，那一刻感觉到了无法言表的恐惧。老年人也一样，除了没有价值感外，还有一层就是对死亡的恐惧。此时，老人身体的气血非常弱，如同一台该大修的汽车，随时都会出现各种问题，随时感觉自己会死去，没有心力去面对一点变故，变得敏感脆弱，这使他们无法放松地活着。

这种感受只有老人自己能体会，但是无法清晰地表达出来。在他的生命里，唯一有权利支配的也只有儿女了，所以有的老人会抓孩子，闹孩子，会喜怒无常，如同不懂事任性的小孩子，他们通过这些来释放和平衡心里的恐惧。

这对中年的儿女有很大的挑战，需要极大的耐心和理解。儿女应该像父母理解包容儿时的自己那样去包容他们。理解了，怨气就没有了。了解才能化解，不了解就会卡死在矛盾中。

“懂得”是最有效的沟通。被听懂、被理解是每个人一生的追求。

当能被理解，当初那个诉求甚至可以不去实现，被懂得的幸福大于任何物质和形式上的给予。能听懂他人的话，是很高的境界修养与慈悲。每把锁都有自己的钥匙，就看你能不能找对，肯不肯去找。

执着于自己正确的人，被自己的成见、偏见和习气圈在人性和认知的套儿里，再也听不见别人的话了。他们看似是在坚持自己的正确，其实是在重复一个长期的自我折磨。他们终其一生徘徊在自己成见的舒适区不敢突破，哪怕撞得鼻青脸肿也不敢撒手，这是人间最顽固而可悲的画面之一。

理解，无论什么时候发生都是极其可贵的，那一刻心灵会有飞跃藩篱后的豁然，会顿悟理解和包容的含义，会品尝到那份一直在但被一直错过的喜悦。

没有爱的责任

在医院常看到陪老人看病的孩子一脸不耐烦，也曾看到伺候卧床老人的孩子对待老人的态度凶恶。你说他不孝顺吧，他还在给老人喂饭，你说他孝顺吧，他给老人喂饭的态度如仇人一般。他分明是在尽一个不得不尽的责任，而这个责任里没有爱。

我是爱睡懒觉的人，平时早上不到九十点不会起来，可在父亲生病住院期间，早上6:00准时从床上弹起来。一想到父亲的无助，我就一丝困意都没有了。如果我晚起十分钟，父亲就要挨饿十分钟。我的早起，并不是出于外在道德和责任约束，而是对父亲的爱。

如果是受到道德约束而去给父亲送饭，一定会因打扰自己睡觉而有怨言。但如果是内在的爱，再大的困难和劳累都不觉得苦，也并没有付出之感。那时候我就明白了，为什么父母对儿女付出了那么多都不觉得委屈，也从不叫苦？因为他们对儿女有着最无私的爱。我们做儿女的有几人能对父母有这种反哺之爱？恐怕不多。

我们错将责任当成了爱，责任是粗浅的爱，不是满善，不是满爱。爱是放下自我成见，对他人感同身受的理解，是不求回报的付出。太过自我的人不懂什么是真正的爱，真正的爱必定在柔和的心中。我们的爱里有太多分别、自我、成见、不接纳、愤怒、恐惧，我们几乎无法完全纯粹无我地去爱一个人，即便是我们生养的孩子和生养我们的父母。

之前父母不在家的时候，我打扫父母的房间总是浮皮潦草，但随着自己心性的转变，现在打扫父母房间会非常认真细致。看到或触碰到父母用的陈旧生活用品，乃至睡在父母的床上，有时会掉下忏悔的眼泪，觉得自己忽略父母太多。

一次，母亲刚拔了牙，不能吃硬东西，而我炒菜时没有考虑到这点，吃饭的时候也是本能地夹菜叶子吃，直到我看到妈妈从嘴里拉出一条没有嚼烂的菜梗子，才突然意识到，我是多么粗心，竟然没有考虑到母亲的牙口。

很多人说，他们也想孝顺父母，但不会孝。我说你把照顾儿女的心用来对父母就是孝顺了。

陪乌龟散步

天底下没有一蹴而就的事情，很多父母却会在孩子“屡教不改”之后发飙。因为在他们心里已经预设了立场，“已经说了很多遍，该管用了吧”。每个孩子的先天性格都不一样，有的孩子很听话，有的孩子倔强逆反，甚至用不听话来彰显自己的个性，这都是对父母的观察力、理解力、耐力的极大考验。

很多父母会瞬间被激怒，而发脾气是会上瘾的，习惯用发脾气解决问题的父母，一旦不发脾气会没有安全感，会觉得问题没有被重视、被解决。

很多家长对孩子有根深蒂固的成见，成见越深，脾气就越大。如果父母都不能包容理解自己的孩子，那么还有谁有责任去包容他们？父母要锻炼把情绪归零的本事。成见导致失去耐心，不带过去成见地把孩子每一次错误当作第一次，会减少因成见带来的愤怒。

耐心就是爱，开始做不到耐心，可以先假装。就像在火场周围清理出一块没有可燃物的地带，给自己的理智留出点时间，当有一两次“假装耐心”地冷静处理问题的经验之后，上瘾症就会开始松动。慢慢学会除简单粗暴之外的解决问题的方法，也会体会到突破认知盲区的快乐。

我们活了大半辈子，放眼望去也找不到一两个令自己完全满意的人，那么我们为什么要苛求孩子是完美的？身为一个独立的生命，他们没有责任顺父母的眼，满足父母的期待，他们有权利犯错误、不完美、懒惰、失败，正如没有人因为我们的不完美而剥夺我们做父母的权利一样。

爱是无条件的爱。这个世界上没有坏人，只有没有被好好爱过的人。以暴制暴不能使孩子变得更好，只有耐心、理解、无条件的爱，才能使孩子接纳并回头。做一个陪着“蜗牛”“乌龟”散步的父母，这是陪伴的真正含义。

人伦和人权

中国古人把地球上的人类关系归纳为五种：父子、君臣、兄弟、夫妻、朋友，叫作五伦。人无伦外之人，学无伦外之学。天下没有任何一个人在五种关系之外。这五种关系的好坏决定了我们生命质量的好坏。

要想五伦关系和谐，就要遵循这几种关系的规律，这个规律就叫人伦。现代人受到西方自由化理念的影响，过分强调彰显个性解放、自由独立，认为人伦观念是古代君王为了以上欺下、以强凌弱而采用的统治手段。这是对传统文化深深的误解，我们不肯深入学习，也就成了人云亦云的盲从者。

中国的人伦，不是西方认为的等级，而是人性情感的顺位。父子有亲、男女有别、君臣有义、兄弟有爱、朋友有信，是以和谐、共生、稳定、长久为基础的最优化的人类情感。这个自然规律并不神秘，也很容易理解。比如，我们都愿意被爱，不愿意被恨，都喜欢被包容，不喜欢被误解，喜欢被接纳，不喜欢被排斥，这都是人类与生俱来的需求，每个人皆如此。“常”就是永远不变的规律，违背了这个规律会有灾殃。义、爱、信、亲，这背后都是爱。自爱、爱人，就是伦理。

这也是孔子讲的“己所不欲，勿施于人”的深刻道理所在。自己不喜欢的别人也不喜欢，自己喜欢的他人也喜欢，这就是天道人心，顺了就和谐、吉祥、健康，没有灾祸，反之就是怨恨、灾难、病苦。

古人云："其为人也孝弟，而好犯上者，鲜矣；不好犯上，而好作乱者，未之有也。君子务本，本立而道生。"孝顺父母、顺从兄长而喜欢触犯上层领导的人是很少见的，不喜欢犯上而好作乱的人是没有的。君子应该专心树立这样的根本，根本树立了，家庭事业一切就都在道中。这是和谐共生的天然顺序，而非统治手段。

中国人伦的内涵就是恩情，父母对我们有生养之恩，这个恩情大到不可以讨价还价，大于任何小我的公平。如果非得说公平，我认为中国的孝道最是公平，父母养我们小，我们养他们的老，这是最公平的。父母为我们付出全部，当他们需要我们的时候，我们却跟他们谈公平，这是彻底的自私而不是人格独立。

有一对夫妻，一直崇拜西方民主自由的文化，他们从小教育儿子，我们养育你是我的责任，你不必背负孝道的枷锁，你是自由的，等我们老了就去养老院，不用给我们养老。看似多么公平而无私，但实际情况是，儿子长大了，非常独立地在国外工作，老两口孤独寂寞，满心欢喜地飞到国外见儿子。去了一个月，一直住在酒店，连儿子的影儿都没见着。儿子说自己一直在忙工作，业余时间还要和朋友出去度假，没有时间和父母见面，临走前匆忙和父母吃了顿饭。夫妻二人内心极度失落和难过。

当初那么无私的父母，此刻为何又对孩子有自私的情感要求呢？这种情感需求是来自后天的理智，还是人类情感的本能？为何此刻人类情感的本能无法被后天的理智说服？这是人性错了，还是理智错了？

我想，我们很多学习西方观念的中国人误解了独立的内涵。真正的独立是对生命情感的深刻认同并不失独立的人格，而不是冷漠和自私。一个人可以独立到不懂得体恤他人的情感，就是彻头彻尾的以独立为借口的自私。

没有一个父母不爱自己的孩子，同时也渴望得到孩子的爱，这是人类的情感本能。人在情感方面不可能是完全独立的，你可以独立成家，有自己的情感世界，但你始终在人伦情感之中，无法用理智剔除情感本能。在此，我们不是要把孝顺和自私绝对对立起来，但遗憾的是，在生活中因过于独立、自私而对父母冷漠的人比比皆是。

《大学》讲："物有本末，事有终始，知所先后，则近道矣。"任何事物都有其本质和末梢，有源头有支流，有先后顺序，有衍生的次第。明白这些才不会轻易陷入肤浅的评判标准。中国的人伦遵循的是人的情感顺位，没有祖先就没有父母，没有父母就没有我们，每一个生命都不可能完全独立地存在。我们是被父母生出，而不是我们生出了父母，这是不可逆的天然的伦理情感。这种情感蕴含着极大的艰辛付出和无私的爱，不管父母是否优秀，是否有致命的缺点，我们必须对这份原始的来处给予无条件的尊重和敬意。我们在没有搞懂来处的时候，就会盲目不知去处。我们给父母鞠躬洗脚，不是等级压迫，不是不尊重人权，而是发自内心的情感本能。

作为孩子，在父母面前当然有自己的人权。父母不是完人，会有缺点和弱点，他们提出的不合理的要求，儿女可以不听从，但都要在尊重这份原始生命情感的前提下，不可以把小我的人权凌驾在伦理之上，那样会伤到父母的心，泯失自己人性的美好部分。

《弟子规》讲：“父母过，谏使更，怡吾色，柔吾声。谏不入，悦复谏，号泣随，挞无怨。”这是每个儿女一生必修的功课，这一课过关了，才算合格的子女。

上对下

有位哲人说："人类一旦当上父母，就变得永远正确了。"很多家长迷失在父母角色中，不自觉地把父母在人伦中的天然权利，变成掩盖自身弱点的挡箭牌，甚至会用伦理来压制欺负孩子。这种欺负不是故意，而是来自无知。

有些父母认为自己对子女有生养之恩，甚至认为父母就应该有某种特权，某种权威。这种天然的心理优势，极容易使父母陷入本位主义视角，从而失去换位思考的能力，潜意识里再无法把孩子看成独立的生命个体，而是把孩子看成附属品和衍生品。一旦被孩子触及盲区，马上启动权威心态，高高在上、傲慢、强势地对待孩子，再也不能听见孩子的心声。

这样的父母误解了伦理的本质，人伦观念不是大人压制孩子的武器，而是以平等、慈爱的心去教化。教化孩子是父母的天职，不是额外的付出，更不是以父母的角色控制孩子。父母用权威强制孩子，孩子心里最不服气。孩子心里明明不能接受父母的误解和强势，却无力反驳。听了吧，违背内心；不听吧，又觉得背叛了父母，良心受到自我谴责。于是，压抑和叛逆的情绪同时出现了。《弟子规》讲："势服人，心不然；理服人，方无言。"无知强势的父母必将得到叛逆孩子。

孩子有自己的人性弱点，甚至是性格缺陷，他有表达自己幼稚、无知、反抗的权利，这是他认知世界的必然的试错过程。家长也不要对孩子的顶撞和叛逆态度非此即彼地下定义，孩子只是在表达自己的不满与不同立场，并不代表挑战权威和否定父母。孩子对父母的爱非常坚固，不是几次冒犯和叛逆就能被消除的。这个时候，父母如果处理得当，反而是拉近彼此相互理解的好时机。但如果父母马上竖起权威和父母角色的盾牌，孩子就会被越推越远，隔阂越来越深。

很多父母认为孩子不敢反抗自己，这种情况随着孩子的长大很快反转。用“不敢”来管制孩子，是大人最低级的手段。孩子的人权是维护他自己感受的权利，而一个涉世未深的孩子有任何情绪都是正常的表现，是应该被理解的。

父母要接纳孩子的所有不完美，接纳缺点就是无条件的爱。无条件的爱不是溺爱，是温柔而坚定，温和但有边界。孩子的安全感和独立性是得到无条件的爱之后，自然而然产生的。只有爱才能让他怕，怕不会让他爱，强势的压抑只能让孩子反弹。

能给出无条件的爱的心灵必定是完整而强大的，这点太难太难做到。父母和孩子起了冲突，什么时候讲理，什么时候讲情，这是情商和智商的综合能力，需要训练。否则无异于“裸奔”。

下对上

很多孩子混淆了人权平等和人伦平等，认为敢于在与父母意见不合的时候据理力争，是在维护自己的人权。这是非常肤浅的认知。我们可以把人权用在任何地方，但是唯独不能用在父母这里，因为父母是对我们有恩情的人，这恩情不能用简单的公平和平等来权衡。

有一个被父母呵护得无微不至的小男孩，有一天因琐事与母亲生气，他说母亲待他不公平。第二天早上起来，发现母亲贴在他床头的纸条，上边写着：母亲给儿子喂奶免费、做饭免费、洗衣服免费、交学费免费……此时，儿子羞愧脸红了。是啊，父母默默地给我们付出了一辈子，从来没讲过公平；如果父母跟我们讲公平，我们都活不到现在。

孩子不应该因父母的过错，而抹杀父母的生养之恩。人权的平等，不能替代人伦的平等。父母永远都是父母，恩情不能因父母的过错而被抹杀，更不能以怨恨报之。没有人权的伦理和没有伦理的人权都是扭曲的。

很多孩子天生性格叛逆、固执，加之后天遭遇强权的家长，当父母发号施令的时候，他们会条件反射地叛逆，根本不想听父母的言语是否有道理，不管对错，只想反抗。因为过去被压抑的不良记忆瞬间复活，他不想再次受同样的委屈，只想用叛逆和报复来宣泄长久的委屈。他们会用“不公平、欺负人、凭什么听你的”这类话来反抗父母的强权，这也是他在成人后和上司、同事、伴侣关系中一触即发的愤怒的基础成因。他极容易把一点点建议解读为批评和指责，然后像儿时反抗父母一样去对抗所有和他意见不一致的人，他要用攻击和愤怒去彰显和保护自己的委屈和愤怒。这样的孩子性情暴躁、易怒、缺乏同理心，总是把公平挂在嘴上，公平是他认为可以获得的最高水准。

孩子要求公平、平等，其实是内心遭受了误解、暴躁的对待，背后的需求是被理解被看到。但当他在含辛茹苦生养他的父母面前索要公平的时候，瞬间进入了一个悖论，父母养育孩子的艰辛是无法用公平来定义的，这足以激怒所有无觉知的父母，他们会定义孩子没有良心、不知感恩、伤天害理。

如果这个时候父母能明白孩子的呐喊，并不是真的在和你们讨价还价，而是希望被理解、被呵护，会比较容易冷静下来，消除怨气，倾听孩子。这是无比伟大而光辉的一刻，你和孩子一生的关系就有可能从此开始由负面转向正面，由战争转为和谐。

原谅父母的不完美

在儿女的潜意识里，父母应该是完美的，无论他们是否有学识文化，是否见过世面，似乎都应该有胸怀、有能力、有涵养包容子女。其实这对父母是不公平甚至残忍的。作为年轻人，我们从见识到学习能力都在年迈的父母之上，我们都没有能力调整自己，父母则更难。

很多孩子对父母的一些过错耿耿于怀，甚至一生都不能原谅父母。在儿女心里，或多或少都会觉得向父母索取是理所当然的，每一颗不知感恩的心都是从理所当然开始的。这是作为孩子应该深刻反省的。

这些年，和父亲聊天的过程中，我发现我几乎不了解父亲，不了解他的童年和人生中的高光时刻与磨难。我从父亲年轻时挨饿受冻的经历中，理解了他近乎苛刻的节俭，理解了他性格中的倔强和强硬。

父亲少小离家，没有享受过长期的母爱，过早地肩负了养家的重担，生活给予他的几乎全部是冰冷的压力和恐惧，所以到今天他对任何不确定和潜在的危机格外敏感。每每父亲回忆起疼爱他的大奶奶，都会流下泪水。我才意识到，原来父亲也曾是长辈眼里的宝贝孩子，只可惜，温暖的画面和话语对他来说太少太少了。每每这个时候，我也在一旁跟着父亲流泪，我流的是惭愧的眼泪，对父亲的不够理解不够体恤让我心生惭愧。

孩子不能要求父母改变在先。人都是越老越固执，学习能力越差，不要因此就怨恨。我们期待父母对我们尊重温柔，父母何尝不在期待我们的温柔以待。受过更好教育的子女，应该更具备反省的能力。我曾对父亲说过，我是您的孩子，应该是您的升级，不应该是您的复制，您身上所有闪光的品质我都会保留，我也会修正您在教育孩子中的盲区。

有时候在某些极端的情境下与父母有冲突是难免的，但无论父母如何误解或做了委屈你的事，都不应该怨恨。天下没有完美的父母，没有不爱孩子的父母，即便有，也是极少数的。正常的父母都是倾尽所有地爱着子女，这是人性最自然的本能。但他们不是天生的教育家，他们也有自己的认知障碍和人性弱点。很想爱，又没有爱的智慧，是很多爱孩子的父母的终生困境。父母也曾如现在的我们一样有解不开的盲区，我们能原谅此刻的自己，就应该原谅此刻的父母。这是一种深刻的换位思考，是一种以自利利他为决心做出的善行。

在这里，不是说用父母的恩情来掩盖父母的过失，而是要子女训练提升对父母的过错包容和理解的能力。古人教育孩子对待父母要“记恩忘过”，也就是多记得父母的恩情，而不要记恨父母的过失，因为父母对我们的恩情永远大过他们的过失。但不是每个孩子都能有这样的心胸格局，原谅父母的不完美，是孩子的必修课。

包容父母的过错，并不是把我们变成逆来顺受、愚忠愚孝的孩子，反之，我们的心更柔软，有很多时候是咽下委屈后的慈悲。记恩忘过是一种心性境界。抓住父母的过失耿耿于怀的子女是不合格的，他的人性一定还停留在自私与愚昧的黑暗中。

色难

我们都觉得自己挺孝顺父母，在吃穿方面都可以满足父母，可是在更细致的情绪层面就显得很粗钝。古人讲孝顺是有层次的："养父母之身，养父母之心，养父母之志，养父母之慧。"而我们现在孝顺父母基本都停留在养父母之身的阶段。

只照顾吃喝是远远不够的。《论语》讲："犬马皆能有养，不敬，何以别乎？"孔子讲，色难。

《礼记》讲："孝子之有深爱者，必有和气；有和气者，必有愉色；有愉色者，必有婉容。"和父母和和气气地说话，这点不容易做到，特别是意见不同的时候。"有和气者，必有愉色"，愉色就是笑脸，主动地笑。如果我们整天绷着脸，父母会很担忧。

或许我们觉得父母是自己最亲近的人，最不需要假装客套，其实不然。我们对外人和颜悦色，或许是为了面子、得到利益；与父母之间因为没有这些约束，可以把最不耐烦、最坏的脾气使在他们身上，很多时候对宠物的脸色都比对父母好，想想这是多么荒谬。我们对父母的爱太过粗糙、麻木，这是很大的颠倒。亲人也是人，与外人一样脆弱、敏感，渴望被尊重。

《孝经》讲："不爱其亲而爱他人者，谓之悖德。"意思是，如果你连生你养你的亲人都不爱而去爱别人，这是违背道德的。我们连父母都不爱，对他人的爱又能有几分真？很多人因为失恋、破产而抑郁自杀，却不考虑自杀后父母的心情。心中有父母的人是不会轻易伤害自己的，哪怕是抽烟、酗酒。

大家知道我也曾有过抑郁的经历，偶尔有轻生的念头，但我知道我杀了自己的同时也等于“杀”了父母，我不能因自己的自私和脆弱而让父母承受这种失去孩子的痛苦。也就是这份对父母深深的爱与牵挂，使我扛住了灾难，再痛苦都不能轻生，再难也要积极寻找出路。对父母的爱，可以救命。

当我们能时刻保持微笑，慢慢地容颜气质都会改变。一开始做不到，就假装勉强地做，做久了就会被自己的笑容感染，心就慢慢柔和了。和颜悦色面对父母，是很大的孝顺。

弃老取幼，家之不祥

弃老取幼是现在家庭很突出的特点。一个家庭，重视孩子而轻视老人，是会埋下不孝的祸根的。

有一个小故事：爸爸很不孝顺爷爷，把爷爷安置在破旧的仓库里，每天送点残羹冷炙。一天孙子来给爷爷送饭，他说要帮爷爷，让爷爷明天把吃饭的碗摔碎。第二天，孙子和爸爸来送饭时，爷爷心惊胆战地把碗摔在地上。爸爸正准备发脾气，孙子抢了先："你把碗摔碎了，我将来拿什么给我爸送饭？"这个故事富有极大的启发性：身教重于言教，大人的每一个行为都在潜移默化地教育着孩子。我们今天对老人的态度，就是未来儿女对待我们的态度。

我带全家出去吃饭都告诉侄子，今天陪爷爷奶奶出去吃饭，不是陪你。我们家每年大年初一起来洗漱完毕，爸爸会带着全家，朝老家的方向给故去的爷爷奶奶、姥姥姥爷和祖先磕头。每当这个时候，我的眼泪都抑制不住地往下流，我今天取得的成绩，爷爷奶奶、姥姥姥爷看不到，他们没有享到我的福。这种内疚是无法弥补的。我深知没有祖上积德，就没有我今天的福气。

古人宣扬的孝道，并不是培养愚忠愚孝、没有明辨是非能力的孩子，而是培养真正无私大爱的君子。真正的孝子，在社会上也是个君子。

家不是讲理的地方

有一个朋友哭着给我打电话，哭诉她母亲的固执和强势，母亲会为了生活中任何一点小事迁怒她和她的孩子。

那天小孩写了一篇文章赞美外婆，回来念给外婆听。她以为外婆会高兴，结果外婆非常愤怒，把孩子骂了一顿："我不用你把我写这么好，你们不用在人前说我好，我没有那么好。我从小把你们养大，我给你们做这么多饭，你们有没有说过我一句好？你们在外人面前说我好算什么？"她母亲要求她女儿道歉，她女儿不知道自己错在哪儿，坚决不肯道歉。她说她不能在孩子面前说这是外婆的错，但也不能说是孩子的错。现在一个人跑出来溜达，不知道怎么面对。

我告诉她停止讲道理，她说："不行，我一定要讲，要不我妈妈下次还这样。"我说："你有没有想过此时妈妈的心态？妈妈年轻时离了婚，独自养大你，现在又替你带孩子，她一生几乎都没有被理解和疼爱过。今天老人看似是冲孩子作文发脾气，实则是发泄多年积攒的凄苦和对未来时日无多的恐惧。这种恐惧时刻弥漫在她心里，她不会跟任何人说，因为这是人最后的脸面。此刻的她加倍渴望温暖呵护。"

我这么一说，她说："是，我妈妈经常有意无意地说，她不知道哪天就死了。她死了，看我们怎么办，她死了，我们也不会哭的。"她说她一直不明白妈妈为什么要说这些话，现在她似乎理解了母亲的心境。

我说："回去打一盆热水，跪在母亲的脚下，给她洗脚。你做好最坏的心理建设，假设她打你，把洗脚盆踢翻了，你就把地擦干净，再打一盆水，继续洗。你可以假设她踢翻十次，你都不要生气，这个心理建设你能做到吗？"她说："能，我已经有心理准备了，就不会生气。"

第二天，她给我打电话，说昨天她回去先找女儿谈话，说作文里的一些话让外婆想起年轻时遭受的不公平待遇，所以迁怒到了她，她要原谅外婆。小孩非常单纯，很快就理解了。然后，跟妈妈一起打了洗脚水到外婆屋里。过去她给母亲道歉，母亲都很执拗，但昨天她第一次跪下来给母亲洗脚，没想到，母亲的眼神瞬间就柔和了，居然第一次摸了她的头。那一刻，她才知道，原来妈妈需要的不是理，是爱。希望被爱不是小孩的专利，人人都有。

电视节目上子女们争老人财产的场面非常不堪，我们和亲人之间是有天然的亲情存在的，但为什么对簿公堂？答案一定是自私。法律是人类的底线，当把底线作为上限的时候，人已经违背道德了。上限应该是自觉的道德，没有道德了才要法律。失去道德就等于失去了人心。他们即便赢了官司心里也不会快乐，夜深人静时，一定会受到良知的谴责。

中国古圣先贤不讲公平，讲"你敬我一尺，我还你一丈"，讲"滴水之恩，涌泉相报"，讲忍辱、奉献、担当、包容。这种境界不是逆来顺受，而是心胸豁达。不能理解的人是还没有到这个境界，但这种境界的确存在，而且亘古长存。

夹心中的中年人

与父母和孩子和解，是中年人的人生终极课程。如果不通过学习认知成长，有的可能一生都无法毕业，活在与父母和孩子关系的恐惧中，一想到要和难缠的孩子和倔强的父母见面，就会紧张得手脚发凉。

我们的良知告诉我们要爱父母，但面对父母的无爱、强势、家长作风，有时真的忍不过去。回到自己的小家，还要扮演有问必答、言之有理、情绪稳定、经验丰富的万能父母。自己在为人子女和为人父母之间来回转换着心态、立场，很多时候会因为自己是孩子而理解了孩子，又会因为自己是父母而理解了父母。

我在全国讲课，很多人褒奖我有智慧，我都会淡淡地苦笑，很多智慧是被逼出来的。我们这些夹心的中年人必须精神突围，否则，当智慧用光，如何去处理那些躲不过去的问题？人类最大救赎，只能是自我救赎。自己不改变，没有上帝会来帮我们治疗家庭。

《大学》讲“修身、齐家、治国、平天下”。《中庸》讲：“君子不可以不修身；思修身，不可以不事亲；思事亲，不可以不知人；思知人，不可以不知天。”这些都是在昭示后人，修养自己才能处理好家庭矛盾，通过学习，才懂得人性规律。

不了解自己就不了解他人，不了解他人就不能透彻人性，就会有盲区，就会有障碍，有障碍就有痛苦，有痛苦就过不好这一生。

亲附善友

古人云："入鲍鱼之肆，久而不闻其臭；入芝兰之室，久而不闻其香。"意思是，在腥臭的肉铺待久了，就觉得腥臭味也是正常的味道了；在花房里待久了，也闻不出花香了。鸡蛋在盐水里泡久了，蛋壳会变软变咸。

环境对人的影响是巨大的。孟母为了让孟子有一个好的生活环境，三次搬家。这里的生存环境不是物质层面，而是目之所及的人心道德环境。家长教育孩子如何选择朋友，是非常重要的智慧。我们在选择朋友和伴侣时，仅仅凭外在肤浅的合适而盲目做出选择，可能悔恨终生。

路边，一个女孩子等了很久也打不着车。这时，一辆价值十几万的车停在她身边，司机是个大叔。大叔说："孩子，我捎你一段吧。"女孩看了一眼，没上车。过一会儿，又来了一辆一百多万的豪车，开车的是个帅小伙。他说："妹子，需要搭车吗？我送你一程吧。"这个女孩犹豫了一下，上了这辆车。我们现在的道德标准被金钱化了，仅仅凭着一辆车的好坏就做出决定是危险的。我们会认为，一个人开好车、穿名牌一定是成功人士，值得信赖，而真相有可能恰恰相反。

我有个表妹，长得非常漂亮，前些年被丈夫捅了几十刀而失去了生命。那个男人是个离异的有钱人，别人买不起车的时候，表妹就坐上高级轿车，用高级化妆品，穿名牌衣服。她一回家，邻居们都羡慕不已。父母虽然不同意，但一想，邻居都认可了，自己也很有面子，至于人品怎么样，他俩过得好就行了，至于男人干了什么职业，怎么挣的钱，都不了解，就同意女儿嫁给了他。结果这个男人贩毒、吸毒，事发那天，吸食了毒品，跟表妹一言不合就刺死了她。

《朱子治家格言》讲："狎昵恶少，久必受其累；屈志老成，急则可相依。"选择善良正义的人做朋友和选择野蛮骄横的人做朋友，结局是完全不一样的。选错朋友或者伴侣，多是被虚荣和物质条件迷了心窍。女人长得漂亮再加上虚荣，就已经在危险中了。

无论男女，只要想不劳而获就会利令智昏。别说涉世未深的孩子，我们家长都很难守住自己的攀比虚荣之心。很多孩子上幼儿园，家长就为孩子每天穿什么而焦虑，衣服买了一堆又一堆，说如果穿得不好，会让老师和小朋友瞧不起。很多孩子从小因文具不如人、家里的车子不如人而觉得没面子，甚至自卑。

所谓高贵灵魂，高贵的标准变成物质的标准。灵魂精神被物化，使得没人敢不向金钱低头，没人敢富贵不能淫、贫贱不能移。那些所谓的贵族精神，在金钱面前更像是一套虚伪的理论。一切以有钱、能赚到钱为人生最高价值观，没钱的人会不自觉地自卑，贫穷的人自然低人一等，怎么也高贵不起来了。当然，社会进步离不开人均 GDP 的增长，但赚钱不应该成为唯一价值观。多么富贵的外在也掩盖不住精神的苍白，一块水泥地是不会让种子发芽的。

孔子有个学生，穿着粗布衣服与身着绫罗绸缎的富贾谈话时，没有丝毫自卑之感，谈笑风生，潇洒自在。孔子赞叹这位学生内在气节的高尚。这种态度看似不经意，但对于现代人来说，这是难以企及的气节。古人不会用电脑也不懂元宇宙，但在天道人心上的智慧，我们是一定要低下头臣服学习的。“亲附善友，如雾露中行，虽不湿身，时时有润。”儒家的教育在于升华人格，有了高境界就不会受低境界的苦，不会被虚荣、物欲所累。

孟子讲：“可欲之谓善，有诸己之谓信，充实之谓美，充实而有光辉之谓大，大而化之之谓圣，圣而不可知之之谓神。”意思是，心里觉得这些行为好，就是善的行为，然后就要去实践，在任何时候都能做到这种品德就是一种人格的美，以这种人格的光辉和力量去影响他人、改变他人，令他人效仿就是圣人的境界，再往上还有个无法描述的神的境界。

在品德与修养境界还没有达成圣贤的标准之前，我们每个人都应该是谦卑的学生。多交有道德的朋友，多读圣贤书，就如同在毛毛雨中行走，虽然不打湿衣衫，但时刻感受到它的滋润。在这润物无声的日积月累中，我们就得到了转化和升华。

天道忌满，人道忌全

有一个人祈求老天爷给他升官、发财、健康，老天爷突然开口说：“不如我去做你吧，我还没有得到你那么多东西呢。”

人类愚蠢的想法之一就是求全，有了权利还想要金钱，有了地位还想要被崇拜，有了健康还想要肌肉，有了魔鬼身材还想要天使面孔，有了家室还想要红颜。我们什么都想要，永远觉得自己拥有的不够。

月满则亏，水满则溢。《道德经》讲：“反者道之动。”任何事情到达极限，都会走向反面。古代君王宝座右侧有个“宥坐之器”，也叫欹器，就是像一个歪着的漏斗一样的器物。从上面往下滴水，随着水滴的增多，器物就慢慢变得中正了，但如果再持续滴水，器物很快就会倾覆。寓意是告诫人们凡事适可而止，不要过度。一个人能在任何情况下都用合适合理的态度说话做事，是一种大智慧。

水到了山顶就是下山，我们见了很多功成名就的人很快就身陷负债、灾难、疾病。一件事达到顶峰之后马上就会走下坡，可我们心有不甘，好了还要更好，更好还要最好。这都是人心的无知造作。

看过一部电影，里边有一句话令我印象深刻。贫穷人家的奶奶对年少的孙子说：“现在赶紧快乐啊，等长大了，成功了，成了有钱人就不快乐了。”还有个富豪，钱多得不得了，而他还想赚更多的钱，陷入无休止的生意中而患上了失眠症，花多少钱都治不好。一天半夜，他睡不着，在马路上闲逛，看见路边的乞丐呼呼大睡，内心突然很不平衡，觉得贫穷的乞丐比他幸福万倍，乞丐有他花钱也买不来的睡眠。第二天他拿了一万块钱给乞丐，乞丐万分感激，之后再也没见到乞丐的身影。半年后，富豪再次遇到乞丐，他精神恍惚，面色惨白，说自从拿了一万块钱，每天得换着地方藏钱，生怕钱丢了，再也没睡过一个好觉。

生命之所以宝贵，在于只有一次。我们追名逐利的目的，就是为了使有限的生命快乐，但是似乎我们本末倒置了。庄子讲了“隋侯之珠”的典故，用隋侯的宝珠去射麻雀是极其不划算的。我们何尝不是用无比宝贵的生命去追逐多余的外在财富，而错过了体验生命的美好？这才是生命最大的损失，真是本末倒置了。

其实穷人除了没钱以外，并不比富人少什么，但会因自己是穷人而痛苦终生。有钱人比穷人多了很多有钱的快乐，但他却因想要更多的钱而不快乐。我们总认为有钱就有一切，其实金钱买不到很多东西，比如：健康、时间、爱情、好心情、无惧、淡定、从容、信任、智慧、觉醒。

庄子认为有钱人有六个弊端：“乱、苦、疾、辱、忧、畏”。意思是，物质会使人心性迷乱，为了赚钱劳碌而没有休息，常因自己的钱不够而觉得羞耻，担忧自己的钱财被骗被抢而活在忧虑恐惧中。

我们现在用健康的生命去追逐金钱，临终却不能用金钱买来多一分钟的生命。很多从鬼门关上走过一遭的人，碰触到了生命即将消失那一刻金钱的无力感，后悔有很多想做的事情一直因逃避、胆怯、瞻前顾后而没有去做，那份后悔和遗憾是金钱不能抚平的。之后他们对生命会有新的认知，会以少欲知足的心态去生活。当然，也有很多悟性不高的人，等病好了再次陷入之前的欲望中，重复受苦。

不是说安贫乐道才高尚，财富并没有罪，它的确可以给人带来某些快乐。贫富不是重点，重点是因贫富而产生的烦恼。圣人心中有天地，认为自己与万物是一体的，皆来自天地本源，在他与天地同齐的大我心中没有小我的占有与贪婪，只要能基本维持生存，他就满足了，不再过多追求什么。无欲无求就没有常人的分别、妄想，没有因此而产生的情绪烦恼，这才算真正的享受生命，而不是要有豪宅游艇、私人飞机。当然，有超脱心境的人，即便是享受奢华的生活，依然是从容淡定的，因为他心中没有分别和贪婪，没有了世俗关于金钱的那些价值观。

人总是以生存为借口去行驶自己的欲望，看似是为养家糊口，其实是为了满足欲望在奔忙。我们分不清什么是必要和非必要的，无论多好都觉得不够好，反正就是觉得缺点什么，具体缺什么自己也说不清，得到了就又有新的不满足。

有人问什么东西是这个世界上最好的，回答："得不到的就是最好的。"曹雪芹在诗中感叹过"富贵不知乐业，贫贱难耐凄凉"，人心没有一刻是安稳的。那个想象出来的"美满"仿佛永远都藏在天边的某个地方。其实，根本没有那个美满存在，那只是受欲望支配的头脑制造出来的幻想，而欲望头脑是不可能被任何东西填饱的。

求全是一种不知足的心态。我们因没有的而错过已有的，从未享受过现在正拥有的一切。美满不在未来，就在当下的知足之中。

聪明的糊涂人

这个世界上没有好人与坏人，只有糊涂人与明白人。每个人心中好坏的标准都不一样，青菜萝卜各有所爱，但糊涂人却是相同的。

很多糊涂人都是很聪明的，他们极难相信自己经验之外的道理，并善用借口合理化自己的欲望，往往宁可侥幸地活在危险中，也不愿意安全地活在真理中。他们花很多钱去买大病保险，却天天抽烟、酗酒、熬夜、贪吃损害健康。为了一点眼前利益，不惜铤而走险去犯法，为了一时的欢愉刺激，不惜妻离子散，为了获得别人一句赞美和羡慕，不惜忍受痛苦去整容。给予外人克制与忍耐，却对自己的亲人苛刻无比。

我们每个人心里是那么喜欢自己而鄙视别人，却拼命努力获得成功给“别人”看，细细想想真是荒谬。我们在这些颠倒的认知下产生的思绪、情绪，就像一部韩国电视连续剧，又细碎又漫长，搅和得我们无法安心。我们这些聪明人，以破坏生命的方式珍惜着生命，用不快乐的方法追求着快乐，用聪明的愚蠢自戕着。

有两种人最难教化，一种是极其愚笨，一种就是真的很聪明。傲慢是聪明人很大的障碍，聪明人不肯从心里真的谦逊下来，不会发自内心地尊重和感恩什么，这会使他失去谦卑所带来的利益。很多时候，障碍我们的不是我们不知道的，恰恰是我们以为知道的。

有一个古代故事，叫作“曲突移薪”。有个人在家里烧火做饭，一位客人来串门，看见他家的灶台旁边有一堆柴火，便提醒他移到离锅台较远的地方，并且要他把房顶的烟囱弯曲一些，这样会避免火灾。主人认为客人说的事情根本不会发生，但没过多久，天刮大风，锅台旁边的柴火连同炉子中的火一起着了。主人急得不得了，找来村里的人帮忙救火。费了很大力气，火终于被扑灭了。主人为表谢意，摆酒席来感谢帮忙灭火的人，这时他完全忘记了之前给他建议的人。我们就是这样聪明得很糊涂。

有一个聪明无比的财主，一天因触犯刑法而被衙门问罪。他有三个选择：一、吃五十瓣大蒜；二、挨五十大板；三、交五十两黄金。他经过计算后，觉得吃蒜要比罚五十两黄金值得，于是他选择吃蒜。可他刚吃了几瓣就辣得受不了了，然后又改选挨五十大板。可刚打了几下就受不了了，最后甘愿罚了五十两黄金。“身后有余忘缩手，眼前无路想回头”，这是我们聪明人的普遍特点。

聪明人是只看见局部，他会在局部中锱铢必较、寸土不让。他们有能力处理好很多眼前的问题，但很难看清事物的本质。聪明的人不相信仁德，更相信短期利益。《论语》讲：“不仁者，不可以久处约，不可以长处乐。”意思是没有仁德的人，不能长久地处在贫穷中，也不能长久地处在安乐中。聪明人都不甘寂寞喜欢折腾，没钱的时候要去折腾钱，有钱了更要折腾，不折腾就觉得无聊，大脑总是不停地制造出新的不满足，不能长时间地生活在平和宁静的生活中。

聪明的人看见局部，智慧的人看见全部。聪明而没有智慧的人，与愚蠢无异。智慧的人就是明白的人，明白人因明白了天地万物的根本规律，看穿了局部生命的障碍。他们知道人此生所有的遭遇，都是道的不同层级的能量组合的显现。

命运都不是偶然，我们对宇宙和生命真相了解的程度，就如同一只蚂蚁对地球了解的程度。我们时刻用这个局限的头脑寻求一个自我喜欢的“圆满”，为此四处碰壁，处处受挫，仿佛这个世界真的对不起我们，从不认为这是因无知的局限而产生的盲区。因早已存在，只是我们看不见，果可以被体会，但我们又没有悟性。

这个世界不会因为我们的无知就没有了智慧，智慧人人本有，只是被“聪明”遮蔽。我们肯谦卑地放下聪明的时候，就是智慧之光照进来的时刻。

谁是你的主人

我们都觉得自己是生命的主人，这是个很大的认知盲区。此时有人瞪我们一眼，我们立刻就不爽了。此时，瞪我们的那个人就成了我们情绪的主人。

我们看似是自己做主着生命，实际上都是别人在决定着。我们活在他人对我们的称赞、诽谤、喜欢、讨厌的评判定义之中。为了让熟人、陌生人、在意的人、讨厌的人看得起，我们把自己累成狗，只要被别人看得起，乃至羡慕嫉妒，就觉得活得值了。在他人眼中没有地位和价值，仿佛连呼吸都是罪恶的。

有一个女孩，为了让自己像个明星而整容了一百多次。因为流行的鼻子款式随着当红明星的推陈出新而变化，她也只有跟着不停地整，最后彻底失败。有一个妇女，花了大价钱买下一颗昂贵的钻石。她戴上这颗钻石后，感觉人生完全不一样了，一种达到了富贵巅峰的感觉，心中压抑多年的自卑一扫而空。等她有机会到了南非，才知道原来自己买下的钻石在当地是便宜货，瞬间失去了自信，优越感顿失。手上的钻石丝毫没有改变，她却变回自卑了。

一个人越容易受外界的影响，越不会快乐。轻易被外界左右的，都是没有找到人生根本的人。在别人眼中“有面子”，就是人生最高的奋斗目标。很多人因为吃穿用度不如人，觉得一生活得憋屈；因为孩子没考上名牌大学，觉得失败；因为没有评上职称而含恨半生。在任何事情上，我们不遗余力地要获得优越感，自己舒不舒服不重要，被别人羡慕才重要。当有人说我们是一种物，我们会很愤怒，但我们却一直拼命地用名牌、身份感来物化自己。除去这些，我们到底是谁？

我曾在初三学生的夏令营做分享，我问："假如现在给每个人一个亿，你们可以用这些钱满足所有的物质欲望，之后你们还要做什么？"学生们顿时沉默了。许久，一个学生怯生生地表达自己要去帮助他人的愿望，其他人仍然一脸茫然。这个测试直逼孩子诚实的内心，在欲望被满足后，那些想当"科学家、军事家、文学家"的宏大理想也说不出口了。很多人生目标都是被他人暗示或教唆出来的，梦想常披着欲望的外衣，当欲望被满足，梦想也没了。很多时候我们混淆了欲望和梦想。

当我们诚实地窥探内心深处时，才发现它内在一片荒芜，更禁不起追问。成功和幸福的标准是索取还是付出？是应该无休止地追逐欲望，还是追求灵魂境界的提升？什么是暂时的利益，什么是永恒的利益？是否有高于人类的东西存在？"我是谁？我从哪里来？要去哪里？"这些终极问题是否需要在这一生找到答案？有很多人是中年后才去思考这类问题的，但也时而清醒，时而糊涂，更多时候是彻底糊涂，就这样蹉跎了一生。

对人生根本问题没有探索和思考的心灵，不会有真正的格局，更谈不上主宰自己的生命，只是心有不甘地随波逐流罢了。

叛逆期的大人

现代人很多都处在叛逆期，任何事情上都不服、抬杠，排斥和自己意见不一样的人，挑剔看不顺眼的事物，很多问题即便不懂，也讨厌被教育。我们不肯顺从，谦虚，觉得听别人的就好像失去了自我。其实，我们并不是没有顺从，而是更愿意顺从自我、傲慢、欲望。我们对人类、万物、自然缺乏敬畏之心，甚至觉得傲慢和骄横属于自己的基本权利。

有一个被公认的高智商的年轻人，独自徒步去深山探险。出发前有个神圣的声音在他耳边说，可以给他带上两样东西，在他危难的时候可以救命。年轻人自信地说自己有着极为丰富的野外生存知识，不需要任何帮助。然而，不久，他误入一片沼泽地，眼看就要被埋没。这时耳边又响起一个声音，问他是否需要帮忙，生死关头，年轻人只好接受了帮助。等走出了沼泽，年轻人对这个声音说："其实我原本可以自己应付的，不需要你的帮助。"深夜，他再次迷失在原始森林里，奄奄一息，那个声音再次响起并给了他一张地图。年轻人按图索骥，走出了森林。出来后，年轻人对这个声音说："既然你一定要帮我，那么你就好好学习下这张地图，以后来为我服务吧。"这个声音说："不用学习，这个地图就是我画的。"年轻人有些羞愧地低下了头。傲慢的人都叛逆，哪怕接纳他人帮助的时候都是傲慢的。他不能接受真理由别人嘴巴里讲出来，不能接受优越感不在自己一方。我们就是这样“叛逆”。

从小父母管教严格，我一直以为我没有叛逆期，但是近些年与父母生活在一起，我发现了自己的叛逆心理。每当父亲用一贯强硬的态度对我批评的时候，我瞬间反弹，或许是从小被父亲批评得太多了，那一刻，根本听不进去父亲说的是什么，反正就是不愿意再被批评。为此也惹父亲生了很多气，我内心又承受着伤害父亲的愧疚。叛逆的人事后可能会后悔，但下次又掉进同样的叛逆。要在一贯的无意识中突然有意识起来，是极大的功夫，也是人生由低级的无觉知迈向高级觉知的门槛。过去了就是门，过不去就是槛儿。

这个世界上少有人喜欢被批评，哪怕自己真的错了。这看似是人之常情，其实是极大的人性弱点。我们的无意识中，太自我，太傲慢，太倔强。那些真正柔软谦卑的人，即便对方批评错了也不会恼怒。这是一种非常高贵的内在品质。能听懂与自己立场不同的人的话，是一种智慧；尽管不认同也愿意去理解，是一种慈悲。

世界上最低成本的投资就是谦虚。谦卑的人容易获得智慧的启迪，更容易被人接纳，遇事的阻力会小。谦虚不是伪善，不是逆来顺受，不是人云亦云，不是压抑内心，而是心态平和地承认他人的立场，反省自己的盲区，尊重本来平等的生命。挡在谦虚前面的是傲慢、自我、愚蠢，而不是别人。

你追逐的成功

如果整个社会规则是追名逐利、以貌取人，是以成败论英雄的势利眼，他人以你拥有的外在的财富、地位、名气来决定对你的尊重程度，那么每个人都将掉进万劫不复的死循环中。

世俗的成功是利益集团利用人类的欲望而制造出来的标准，比如住上豪宅、穿戴名牌、睡高织物床单、喝某个品牌的红酒等。本来没有这些标准，可一旦标准被制造、被宣扬，高低贵贱也就被制造出来了。人性都不愿意接受自己低人一等的感觉，为了摆脱自卑感，开始了对名利的追逐，买下这些象征成功的“符号”，就觉得人间值得了。与其说我们买的是名牌，不如说买的是集体意识里的虚荣心和存在感。

人一旦认可什么东西了，就开始为它辩护。我们开始放大渲染这些外在物质给人类心灵带来的安慰和满足：“没有什么一个名牌包解决不了的烦恼，没有什么一顿火锅化解不了的忧伤。”一旦内心失去平衡，就自动地用物质来调整。不能否认，有时候的确管用，但其本质问题依然存在，大家就都得过且过了。对于胆小懦弱的心灵来说，清醒是一种残忍。

这种欲望至上价值观破坏了内在的人性美好，刺激出了人性中的贪婪、嫉妒、愤怒、恐惧、傲慢、懒惰、暴食、色欲等原罪。在这个价值评判体系之下，我们把人按照财富和地位分成三六九等，再不能以平等和尊重心去看待理解一个贫穷或没有地位的人，人性中本有的恬淡、宁静、爱与慈悲被排挤得无影无踪。《道德经》讲："不贵难得之货，使民不为盗，不见可欲，使民心不乱。"智慧的人认为，制造出高低贵贱的标准就会刺激出人心的争抢与攀比，从而使人心失去本有的松弛与恬淡。

成功只教导我们如何获得这些"符号"，但很少关注我们获得后是否快乐，更不肯承认这些标准才是制造痛苦的元凶，甚至教导我们为了获得外在的物质所受的苦是值得的。智者说过："我们都不喜欢痛苦，却喜欢引起痛苦的原因。"我们已经分不清努力和欲望的边界。

古人的智慧都是安心之道："圣人之道无他，求其放心而已矣。""治百业不如治一心。""人为物累，心为形役"，是非常没有智慧也是非常不划算的人生。一个人的心安顿好了，活在哪里都是天堂。

欲望是个连环计

吃早饭时，小和尚发现师父得到了四个馒头，大师兄也得到了四个，自己得到了两个。师父四个馒头他没有意见，可大师兄凭什么也得到四个馒头？于是他找到师父说，自己也要四个馒头。师父把自己的馒头给了小和尚两个，小和尚一口气吃下了四个馒头。吃下去后小和尚觉得肚子胀，又喝了好多水，肚子更胀，一上午都很难受。师父说你平时吃两个，今天吃了四个，你多得了两个馒头，可你却并没有享受到这两个馒头的好处，而遭受了它给你带来的痛苦。师父说：不要总是盯着别人，不要和别人攀比，享用自己的就好了。

一个村子，附近山上有很多猴子。一天，来了个生意人，说他将以很低的价格收购猴子，10美元一只。于是，村民就开始大肆捕捉猴子。很短的时间内，生意人就收集了几千只猴子。这时山里的猴子比之前少了很多，村民抓猴子的积极性越来越低。生意人将每只猴子涨价到20美元，村民再次开始捕猴。随着捕捉，猴子更少了，村民越来越没有积极性。生意人又将每只猴子涨到25美元，可是由于猴子太难抓了，村民都不愿意再参与这个行动了。这天，生意人对大家宣布，自己要回城里办点事，过一段时间回来，每只猴子可以付50美元。他走后，所有事情都将由他的助理负责。生意人走后，助理指着这几千只猴子说，咱们来做一笔交易，现在我以每只35美元卖给你们，等老板回来以后，你们再以50美元卖给他。村民觉得这是一个发财的大好机会，于是，拿出自己的积蓄买下了这些猴子。之后，那个商人和助理再也没有出现过，森林里又到处是猴子的身影。

有一个修行人决定在深山闭关苦修。一天，他在破茅草棚里发现了一只老鼠，因为他遵守不杀生的戒律，又没有本事把那只老鼠赶走，于是下山找来一只猫。猫来了，他又想：给猫吃什么呢？为了它不吃那只老鼠和自己难以下咽的素食，他从山下找来一头奶牛，让猫每天可以喝牛奶。但是为了照顾这头奶牛，他每天要花很长时间，于是，他又跑到山下找了一个流浪汉来照料奶牛。可是过了一段时间，单身汉觉得很无聊，于是，为了挽留他，只好托村里的人给单身汉找一个老婆。就这样，渐渐地，一个村子的人都搬到了山里。

欲望是人性的一部分，也是社会前进的动力，但过度的欲望就是人类的灾难。我们需要的很少，想要的很多。吃饱穿暖是合理的欲望，吃饱穿暖后还要吃山珍海味住豪华房子，这就是过分的欲望。很多消费是被勾引出来的，本来闲逛，最后花钱。满大街的酒店、商场、名牌店、游艇都明晃晃地招摇过市。

在欲望的作用下，我们从不认为贪心、嫉妒、愤怒、傲慢是什么问题。相反，有权利鄙视、教训、苛责别人正是“幸福”所在。我们不定期地需要通过发脾气、挑剔、傲慢、说闲话、吹牛、吃美食、买奢侈品来确定自己的存在感。我们始终不停地向外界寻找认可，有了还要更多，更多还要更更多。没有这些，我们简直不知道为什么而活。

有些时候，参加活动典礼，常在过气明星脸上看到怕被别人忘记的不甘心，还在争光芒。他们都是死死抓住欲望不肯撒手的人，外表光鲜，内心煎熬。没红的想红，红了之后又担心被遗忘，这如同一个连环计，一环套一环，直到把自己套进深渊，且不能原路返回，到生命的尽头了还在不甘中挣扎。用一辈子在乎这一件事真是浪费。

欲望使我们没有好心情，为了名利工作的人即便成功了，内心都很痛苦。看到他们不肯放弃，我想放弃了，我不愿意把宝贵的生命放在追慕虚荣上。生命还有那么多智慧、惊喜等着我去学习、经历，我怎能一直忙着追名逐利？当赚到生活所必需的金钱，为了爱好而工作，内心的快乐会更纯粹和美好。可为了如跳蚤般的欲望，没有胆量跟随自己的心声，久而久之就再也找不到心了，更谈不上为他人付出与无私奉献了。

欲望会派生出诸多反逻辑的事情。比如，我们都有囤积症，总是买一些根本不需要的东西，买回来堆积在橱柜里心里就很满足；会因为喜欢买一送一的赠品，而花更多的钱买下那个不太喜欢的正品；我们不喜欢某样东西或者某个人，但当你发现竞争对手喜欢的时候，就会莫名产生一种强烈想要拥有的欲望；我们喜欢攀比，不能接受曾经不如自己的人现在比我们过得好。同学聚会是很多夫妻吵架的开始，聚会常常变成了攀比大会，成功者炫耀，平庸者自卑。一派热闹的虚假景象之下，是横冲直撞的嫉妒与不平衡。自己舒不舒服次要，让人羡慕最重要。为了获得别人眼中一刹那短暂的艳羡，我们都快把自己累死了。同样的举动发生在别人身上，我们会嘲笑庸俗，但在自己这儿，却被美化成人生价值。

我们的人生如同一个固定菜单，没有更高级的选项，在这个写满欲望的社会，我们实在不忍心平淡，所以就聊胜于无了。

对待欲望，我们有两种基本态度：一种是放纵，一种是控制。能控制住欲望的人，是真正洞察清楚了人性的弱点和欲望陷阱的人。普通人对于欲望都是选择放纵、追逐。比起对智慧的了解，我们更熟悉追逐欲望的套路。我们对提高境界没有欲望，即使它能使我们摆脱痛苦，我们也不以为然。我们深陷其中，无法旁观。有人形容拴在草垛旁边的牛："什么团团转，皆因绳未断。"牛因为眼前的一把草失去了草原，风筝因为一根线失去了天空，人类因为贪婪失去了生命的快乐。"知足之人，虽卧地上，犹为安乐；不知足者，虽处天堂，亦不称意。"

在欲望的催情下，我们如同被驯养的猴子，纵使有各种聪明去套取游客手中的食物，但就是没有解开绳索的智慧。折磨我们的不是欲望，而是看不穿欲望的烦恼。如同你一直迷恋一个人，他一直利用你的喜欢迷惑你，使你越陷越深，他越拒绝你，你越觉得他神秘，越是想靠近他。直到有一天你真的可以得到他，并与他生活在一起，你看到了他人后的一面，你才发现，原来他和你一样平庸且诡计多端，你很快就对他失去了兴趣，就像很多大富豪觉得金钱很无聊一样。人都是没什么向往什么，不是那个东西有多好，而是你一直没有得到它。我们总是把拥有的看得太轻，又把得不到的看得太重。其实你此刻拥有的，正是别人得不到的，你此时正在被别人羡慕着。如我们能把盯着没有的那个心态用来欣赏和感谢现在的拥有，你马上就是个幸福的人了。

欲望是裹着糖衣的炮弹，我们因为喜欢外层的那个甜，而不顾里边的苦。我们先用欲望把自己绑起来，再努力往上射箭，再自己疗愈伤口，然后再射。我们都逃避看清欲望，因为看清楚了就会意味着放弃欲望，认为放弃就意味着失去，从不认为放弃也是一种幸福和解脱。我们太想拥有，太恐惧失去。我们不知道除了满足欲望之外，生命还有什么值得做的。

当清空欲望时，我们会找不到活下去的支点，会觉得虚无，会产生恐惧，这个恐惧会让我们急于回到熟悉的欲望的感觉。没有欲望，我们不知道自己是谁，我们无法过清净生活。这里说的清净，不是躲在深山老林里去修行，而是在红尘中，在生活中获得一份看穿一切的智慧。

对快乐的误解

一个人到德国的一个小镇去旅游，其中的一个旅游项目是参观一个墓地。他发现，墓碑上死者的年龄都很小，有的一岁，有的三岁，最大也不过十几岁。他好奇地问守墓人，守墓人说这个小镇有个传统，每个在这个小镇出生、生活的人，从记事起就要把自己所感受到的快乐记在日记本里，他们记录的快乐的时间被视为真正生命的长度。

此刻，如果我们拿起笔回忆一下，我们真正快乐活过的时间又有多长?

人类不怕受苦，就怕受苦不值得。我们一直都在误解快乐，认为为获得快乐而受的苦是值得的。为了锦衣玉食、颐指气使、随意刷卡，被人喜爱崇拜，我们必须经过长久艰辛的努力。但得到这些后，很快就又有了新的欲望，又进入下一轮的痛苦奋斗。两边都是痛苦的，中间有那么一点快乐。如同一个孩子从小就被教育，在得到一口好吃的之前，屁股必须挨上几巴掌，久而久之，孩子就觉得被打屁股的苦是理当承受的。我们甘愿为了短暂的小快乐，而无视长期的痛苦，更不知道还有一种不需要被打屁股就可以拥有的快乐。我们追逐的快乐，只不过是还未成熟的苦罢了。

在东北，再穷的女人一生也要有件貂皮大衣，为此勒紧裤腰带攒钱买貂皮大衣，然后如同加冕一样穿上大衣。依然骑着破旧的自行车，车把上挂着饭盒，把大衣的衣角拎起来攥在车把处，生怕大衣被绞进车轮。这种高难度的骑行景象，在东北冰天雪地的大街上随处可见。很多女人认为，如果一个男人肯为自己买一件貂皮，这辈子就没有看错人，身上穿着貂皮，心里再苦也值得了。这个貂皮大衣是平日受尽辛苦和委屈的奖励。

还有个贵妇，每天向别人炫耀浑身上下戴满的珠宝，她说她丈夫每出轨一次，就会给她买一件珠宝作为补偿，仿佛内心的长期不满都可以被物质瞬间抚平。这是有些荒谬的物质和精神之间的转换。在我们精神空虚的时候，物质就成了替代品。

我们都误解着快乐，快乐不应是受苦后的奖赏，而应该是不再受苦。我们都在追求快乐，但似乎不知道快乐是什么。总是想，等有很多钱了就快乐了，有名了就快乐了，长大了就快乐了，退休了就快乐了，结婚了就快乐了，离婚了就快乐了。等，我们一直在等，其实现在的我们已经活在那个未来中了，却没有获得曾经以为的快乐，等来的还是纠结与痛苦。我们一直上瘾般地依赖外在环境，与网瘾酗酒的人没有本质区别。我们不愿意停下来深入地思考，得过且过地用忙碌、努力、等待、期盼、幻想来掩盖自己对快乐的盲区。

人生最大的苦是心灵没有归宿，除此之外全是在流浪。

我们卡住在世间

我们被三样东西卡死：欲望、死亡和对前两件事情的无知。我们被动地来到这个世界，不可逆地被长大、咿呀学语，上幼儿园，受教育，毕业，工作，结婚，生子，做父母，生病，死去。无论是富豪、乞丐、快递员、演员、政治家、农民，都有人类共同的弱点——贪婪、自我、嫉妒、恐惧、自私、寂寞、无聊，都会面对难以面对的生、老、病、死。这是不可逆的“平等”。哪里有什么与众不同，只是明白和糊涂的区别。

卡住，是因为找不到出口。幸福中都隐藏着不幸，得到中都伴随着失去，快乐中都隐含着痛苦。现在表面的快乐，是还没有成熟的苦。我们无法只拥有好的而抛弃不好的部分，生命对于我们来说就像泥潭，任凭抬起哪一只脚，另一只脚还在泥潭里。在我们的二元认知思维里，永远不可能有纯粹的快乐。只有领悟到了超越的智慧，才能使双脚同时离开泥潭。

什么是生命的真相？宇宙第一个生命是谁生出来的？先有蛋还是先有鸡？死亡真的是生命的终点吗？这个两千多年前被提出的问题，相信现在绝大多数人还是回答不了。古代智者早就帮我们解答了这些问题，只因我们太过粗心傲慢，一再地错过真正的答案。我们对生命的反思太过苍白，或者说连反思的欲望都没有。我们就这样卡死在中间。

我们都有病

我们都是病人，病的不是身体是心灵。我们的心灵与生俱来地携带一种“病”，智者称为“无明”，所有的痛苦皆是因这份无明而起。无明中的我们就像是把黑暗当作了光明，在其中裸奔，被撞得遍体鳞伤，就算粉身碎骨也不明白为什么。

唐朝有个宦官鱼朝恩，向一位禅师请教什么叫无明。禅师说贪婪、愚痴、傲慢、疑惑。鱼朝恩说自己早已没有了这些东西。禅师突然脸色一变，对鱼朝恩讽刺挖苦一番，鱼朝恩瞬间大怒，大骂禅师。这时禅师转为一副笑脸说：“这就是无明。”

还有个烦恼很重的年轻人问一位智者：“我们的无明到底在哪里？”智者问他：“桌子上有一个装着水的杯子，如果你用力拍一下桌子，杯子里会出来什么？”年轻人回答：“会溅出水来。”智者说：“能够瞬间跳出来的东西就是平时里边装的东西。”我们每个人的脑子里都装着贪婪、愤怒、嫉妒、恐惧、傲慢、愚痴的种子，就如同杯子里的水，一遇到冲击就瞬间爆发出来了。

衡量是否“有病”，不是世俗的标准，因为它本身可能就是有病的。社会在追求发展过程中逐渐形成了一套游戏规则，比如，成功，失败，梦想，财富，贫穷，歧视，拍马屁，趋炎附势，唯利是图……我们每天打扮得体出门，在人前表现着优越感、勤奋、掌控力，我们很怕别人说自己很闲，很怕没人给自己打电话，很怕在他人心中失去价值。我们只关心看得见的表面，不想研究太深的东西，喜欢得过且过，甚至会在没有监督的地方放纵自己人性中的恶。

如果能在夜深人静时，诚实地倾听自己的心声，我们会听见太多的不满与委屈。为了生活得更符合世俗的成功与幸福的标准，我们逼着自己做了多少不愿意做的事情，说了多少违心的话，伤害了多少善意，丧失了多少天真。心灵的阳光越来越少，愤怒、怨恨、不满、嫉妒、恐惧几乎是每个心灵的底层逻辑。

社会教育是在为将来参与竞争做准备，知识几乎都用来服务于欲望。无论多么丰富的知识都弥补不了心灵的缺失，对于减少烦恼更是无用。无论我们多么成功而老练，总会在某些方面无知得像一个傻瓜。发展、竞争是社会发展的需要，而不是美好人性的需要。人都不愿意活在患得患失、诚惶诚恐的生命气氛中，人的基本需求满足之后，其实就可以活得自由轻松了，但是那些被教唆和刺激出来的欲望闹腾得我们心惊肉跳，一刻也不得安宁。

世俗标准不停地强化和刺激着人性中不好的面向，人性中那个向往美好、恬静、祥和的面向被排挤得面目全非。我们就是这样渐渐被教坏了，渐渐地把生命的意义替换成了世俗成功的意义，因为全世界都在这么干，我不干就如同怪物。

社会教导我们如何成功，却很少告诉我们，为什么成功后不快乐；社会教导我们要有梦想，却没有告诉我们，梦想的意义在哪里。我们的生命就在这个狭小偏僻的局部挣扎。我们不是否定社会教育的意义，而是思考其对心灵的裨益；不是聚焦放大某种不如意，而是要看清楚无明黑暗中的心灵盲区。我们的教育似乎缺失了对生命真相的普遍性关注。好的教育不应该是传授知识的成功，而是教育出人性的美好与智慧。

欲望不是绝对的坏事，哪怕追求真理也需要求知的欲望。如果我们心中没有追求美好的欲望，不可能获得美好；如果没有追求真理的欲望，将永远停留在愚蠢之中；如果没有很多有着深切社会责任的企业家、科学家，人类文明也不会进步。我们不是反对合理的欲望，而是在反省过度的欲望对心灵的伤害。这个世界不是制造痛苦的元凶，它充其量只是个帮凶，真正的元凶是我们过度的私欲，私欲是人的大病。

人穷不可怕，可怕的是心灵迷路；比迷路更可怕的，是不知道自己迷路了。这是一种“不知道自己不知道”的灯下黑。就像我们有一双眼睛，却从未用它见到真正的光明。我们在欲望中浸泡得太久太久，它与我们的人格已经完全粘连，就像从外观上无法辨别出一杯清水和一杯盐水一样。因为看不清所以一直在消耗，这感觉又好似用一根吸管插进自己的血管里喝自己的血，用消耗自己的方式“滋养”着自己，还顽强地认为自己不会因此而死去。

我们在发高烧的时候会找药吃，可心灵的苦却被我们视为正常，对别人给我们造成的痛苦感到愤怒与不值，但自己给自己造成的痛苦却心甘情愿照单全收。如果此时有一个人过来帮我们打开了灯，照破了黑暗，突然明白了之前在无明黑暗中的生命的荒谬和不值得，这个灯的光亮就是生命本有的源头的智慧光明，也是永恒的意识生命。它此刻就沉睡在我们的意识之中，等待我们唤醒它。

这个时代太随意

随意不是自由，是欲望，是放纵。轻易导致堕落。现今的社会如同一个没有上锁的大门，喜欢什么就可以随意得到，不能马上得到一种东西已经成为一种错误，一种落后。

这种轻易把每个人培养得没有耐心，再没有了期盼一个东西、等待一个人的忍耐和喜悦。轻易得到，把所有的滋味都变成白开水，方便，有用，用完就扔，不行就换。

我们随意发脾气，结婚、离婚、抽烟、熬夜、放纵，觉得这样会有一种好像主宰了什么的确定感。其实恰恰相反，越是这样，越增加了不确定的几率。方便使人活得麻木、浅薄。

这是最好的时代，也是最坏的时代。生活全方面地加速，把人的灵魂都甩丢了。当欲望插上了科技的翅膀，人就飞得找不到方向了。人越来越相信机器而不相信人心，因为人越来越没有心了。人性中耐心、坚韧、理解、宽容、慈悲这些金子般的高贵品质，在有些人看来几乎一文不值了。当一个没有文化的网红一夜之间收入过亿，谁还愿意去赚辛苦钱？当一个整形女孩过上了锦衣玉食的生活，谁还愿意相信朴素与诚实？

现代生活得不错的人，其舒适程度远胜过去的皇帝，可是我们依然不知道满足为何物。只想付出最少，得到最多。我们近乎疯狂地钻研如何靠钻人性的空子来换取利益，情感是拿来贩卖的，而不再是用来珍惜的。

在这种教化下，大家越来越心照不宣地各取所需，连基本的礼貌都懒得讲。而这些行为的副作用产生的冷漠、孤独却还是自己来承受。人越来越孤独，真、善、美如天上的星星一样可贵，却离人间太远。

越是随意，不确定感越强。小时候写作文，经常赞美秋天的落叶和冬天的雪花，我们在羡慕它们可以不受羁绊随意起舞的时候，是否也注意到了它们失去了自主的能力，它们的去处完全由风决定。过度的自由就是灾难、迷失。真正的自由，一定是加以规则约束后的恰当的自由。

不确定

我们几乎一生都在寻找确定，找工作、找对象、结婚、买保险、买房子，这都是在寻找确定。我们想确定一个稳定的住所，确定一种关系，确定一个身份地位。我们想要的这种确定，在本质上都不由我们掌握。比如，我们一直以为某个人是我们最要好的朋友，但可能因为一个极小的事情关系就崩了；比如，一个精心保养身体的老人，可能更早地离开人世。表面可以被确定的东西，都是瞬息万变的不确定决定的。

我们之所以那么喜欢确定，是为了逃避不确定带来的恐惧。到一个陌生的地方，见一个陌生的人，经历一件没经历过的事情，都会给我们带来不安，连手机没电、马桶盖没有掀起来都令我们抓狂。我们太想通过确定些东西来安慰内心对变化的恐惧。我们对确定感的要求，简直如同要求两个鸡蛋必须摞在一起的难度，达不到就浑身不舒服。

总想确定什么是因为心不安，总是要靠确定点什么来安顿不安的内心。我们经过长期努力的确会获得些确定，但这个有效期似乎很短，我们很快就开始寻找新的不确定。人类心灵是很不可靠的，很容易就变化，自己否定自己，推翻自己，没有规律。我们一边努力确定着，一边破坏着这种确定。在不确定中寻找暂时的确定，这是一种苟且的辛苦。

确定带来无聊，不确定带来恐惧。无知的孩子对任何事情都充满好奇，一根羽毛都可以令他高兴地尖叫。未知是生活给予我们的激情和礼物，然而我们这些饱经沧桑的老道的大人会觉得这是份恐惧。我们从没有一刻全然喜悦地活在任何一个不确定和确定中。也就是说，我们错过了不确定中的惊喜，也没获得确定中的安稳。我们仿佛是一直在赶路的游客，为了到达目的地而错过了沿途的美景，悲哀的是，到了目的地我们也不知道旅游的意义何在。

不确定当中，最不确定的是死亡。我们既不确定死亡几时到来，也不确定死后会去哪里。我们就这样卡在中间，得过且过充满恐惧地活着。

接纳所有的确定与不确定是种超越豁达的心境，既欣赏确定带来的安定，也享受不确定带来的惊喜。一切都在你心中。

不安全的安全感

“安全感”这个词走红的时候，的确令我们耳目一新，感觉的确有安慰到心中那份恐慌。于是，寻求安全感的理由更加名正言顺，仿佛真的有一个可以被获得的安全感存在某个地方，等待我们去找到它。

我们几乎在所有的事情上寻找安全感。在家庭中，我们觉得有一个人在身边会有安全感，哪怕矛盾再大，也不敢放手，甚至在巨大的争吵后也会拖着沙哑的喉咙、疲惫的双腿回家，看到家门口那盏昏暗的灯光时，心中都会有一种莫名的安全感，起码自己还有个家；我们在人际关系中寻求安全感，手机一天不响，就会不停地拿起手机看，甚至会没事找事地打出去。我们在聚会上寻求安全感，一群人拖着疲惫的身体在不明亮的灯光下，喝酒，唱歌，啃鸭脖子，有的宁可睡在歌厅也不肯回家。声色犬马里鼓动着巨大的落寞，我们太怕一个人待着，我们太害怕不被人需要。

而这个安全感的时效性太短暂，也许是一个小时，也许是一个月，也许是一秒钟。衰老、清贫、失业、离婚、生病都会使我们没有安全感。追求这个安全感的过程本身又叠加出更多的不安全感，而我们似乎都不在乎过程受的苦，只在乎结果是否满意。我们把每一天的生命分成等级来过，仿佛只有功成名就的日子才最值得过。生命是由无数个平淡、偶尔精彩与失落的瞬间组成的，如果我们认为只有成功的人生才是人生，那才是真正错过了人生。

安全感的标准随时都会变，非常不确定。如同临时避雨的屋檐，或者麻醉剂，药劲过去了，病痛依然存在。安全感是一套根据自我喜好定义出来的执念，某个人认为能获得安全感的东西，可能是他人最没有安全感的东西，但他们彼此却可以在自己定义的标准里获得安全感。

比如一个乞丐的安全感，可能是街边的一个避风的角落；如果一个中产阶级睡在马路上，可能就觉得窝囊想去自杀。一个人有一万元存款，可能就感觉满足了，但这一万元对另外一个人来说，可能就等于破产。这些足以证明，安全感只是自我头脑制造出来的概念标准，并没有真正意义上的安全的存在。

安全感只能自己给自己，不在任何人那里，哪怕是可以为你付出生命的父母。我们都找错了地方，要向内求，在自己的心里找。试着把关于安全感的定义从外在的事物中撤下来，不会把住在豪宅定义为成功，也不会因睡在街边而感到失败，渐渐地，你会发现，你失去的不是你以为的那个安全感，而只是一直以来你对安全感的个人的定义罢了。

这时，你开始有放松的感觉出现，可以越来越平静地接受被贬低、嘲笑、贫穷、失业、成功、富有，你的心不再受之前的标签控制了，你活在了标签的反面，也可以安然地接受正面。你的心和你的脚都一样真实地落在了地上，不再轻易地失落与恐慌，吃得香，睡得着，看着没有安全感的人还可以劝上几句，然后踏实地睡去了，哪怕明天依然是商场、情场的无情与纷杂，都破坏不了你的安全感。

你已经看穿自己头脑的把戏，也有力量去控制欲望的泛滥，你已经安全了。真正的安全感，是心理上不依赖任何外在事物获得的一种全然的满足。

习气的奴隶

习气是由深深的习惯而来，就像一个装过白酒的酒瓶，刷得再干净还是有酒味儿。

有一个小男孩，家门左侧的路是他每天上下学的必经之路。一天，这条路中间挖了个大坑，父亲提醒他天黑放学回来走右侧的路，男孩满口答应。但是晚上还是鼻青脸肿地回来，他掉进了坑里。他说明天一定不会走错了，可第二天同样又掉进了坑里。

有位老和尚因被冤枉，蹲了33年监狱。在监狱里遇到一个十四五岁的小孩，是偷东西入狱的。从小家里穷，羡慕别人过好日子，就想偷东西来得快。他假装去百货商店买东西，身上搭着一件羊皮袄掩护偷钱包。他技术娴熟，对偷东西乐此不疲。一般人觉得偷东西是耻辱，而这个孩子只要听说偷东西就兴奋，觉得这是自己的本事。在狱中，老和尚给小孩讲走正道的道理，小孩说：“你说得也对，但是没有钱我活不了，反正蹲半年就出去了。”就这样，他反反复复进来了七次，每次老和尚都给他讲。听的时候好像明白，出去又糊涂了，罪越犯越重。最后一次进来，是死刑。被枪毙的前一天晚上，他哭着对老和尚说：“你救救我呀，我明天就要被枪毙了。”老和尚说：“我跟你说了好几年，不就是在救你吗？你为什么不听？你的无明习气太深了，你的墙太厚了。”

还有一个男子，心心念念想出家修行，父母阻拦。为了表示出家的决心，他将自己的手指头砍下来，父母看他如此坚决就同意了。可是他的烟瘾很大，寺庙里不允许抽烟，他无数次戒烟都失败，最后还是因为戒不掉烟而还俗了。再伟大的理想都会输给深重的习气，习气杀人不见血。

习气所依赖的东西几乎都是负面的，如抽烟、喝酒、赌博，都会令我们上瘾。在飞机上不能抽烟会抓心挠肝，但不会因为两个小时没有吃大白菜而难过得要死。我们都低估了习气的力量。

每个人的习气轻重都不一样。除父母的遗传外，我们有属于自己灵魂的习气，是一种行为在长期反复之后形成的一种顽固的惯性。习气轻薄的人，稍微一听道理就明白了，就改正了。无明习气深重的人，就如同面前有一堵厚厚的墙，或者一条黑黑的隧道，你怎么拉怎么拽他也看不见光。顽固的习气渐渐变成了本能反应，不受理智控制，甚至丧失理智。很多脾气暴躁或者犯罪的人，之后都会后悔，但当时就是控制不了，不撞南墙不回头，撞了也不回头，具体为什么自己也说不清，反正就是控制不住。

习气如同一只隐形而顽强的手，在背后推着我们非得那样不可，不那样心里就不舒服，民间的话叫“鬼催的”。克服习气，这是世界上最难的一件事情。能克服本能的人，都是了不起的人。

习气如种子一样在我们的潜意识里。比如，若干年前我们不经意地看了某个人一眼，没有留下什么印象，但在30年以后，当我们再次见到这张脸，会觉得这张脸似曾相识，这就是潜意识的种子起了作用。我们认为忘记的很多东西，其实没有忘记，只是忽略进了潜意识。只要形成就会有痕迹，深浅不同而已。我们今天对一个人、一件事、一个物件的喜好，都来自这些深埋的习气种子。这些种子遇到因缘就会成熟，就构成了我们的命运。

有些人不相信这套说法，认为活着的乐趣就是在于享受这些习气，为什么要减少呢？答案很简单，因为欲望之乐有后遗症。你不想承受这个后遗症的苦，就必须懂得节制，否则就成了习气的奴隶。

要纠正习气，必须先认出它，才能去除它。随着习气的减少，我们会体会到不被习气支配的放松和喜悦。这种喜悦，会给我们非常大的信心去相信自身觉性的力量。

不要小看烦恼

有人说：不要小看你的烦恼，它会成为你的想法；不要小看想法，它会成为你的行为；不要小看你的行为，它会成为你的命运。

我们都觉得烦恼不是什么大不了的事，但其实它分分秒秒都在影响着我们。每天从起床开始就烦恼天气不好、穿什么衣服、吃什么早餐。出门工作，同事轻蔑的眼神、公交车售票员不客气地催促、不喜欢的微信内容、商店橱窗里明晃晃的买不起的名牌包包，这些不决定生死成败的事情都引起我们的烦恼。即便费了好大的力气摆脱了，过一会儿它又来了。有钱人有有钱人的烦恼，没钱人有没钱人的烦恼。

烦恼的力量大到可以改变一个人的命运或者决定生死。一个博士杀人的原因，或许是对方几年前的一句轻蔑的话语；一个人决定自杀，或许是因为和他人赌气；一次车祸，或许是因后面车辆一声刺耳的喇叭。我们分分秒秒都浸泡在烦恼中而不自知，我们是烦恼的奴隶，就这样被消耗完了一生。

所有的烦恼背后都有一个执着，是你的执着使你烦恼，不是这件事本身，是你赋予了烦恼来烦你的权利。面对一个骂你的人，你可以不定义为他在侮辱你，你可以认为他在用坏脾气惩罚自己；当你的爱人爱上别人的时候，你可以不贴上背叛的标签，你可以认为他遇到更喜欢的人；当你无事可做的时候，可以不用贴上碌碌无为的标签，可以认为这是人间清福。烦恼与不烦恼，完全取决于你看待这件事的心态、角度、智慧等级。

不要小看标签，标签是一个美丽的牢笼，我们生生世世活在这个头脑标签的笼子里，各自执着，烦恼着。谁肯放手，谁就最快飞出笼子，自由地飞向自己的心。

自由就是没有烦恼

我们都知道自己不自由，为了得到自由，我们设置出了很多像是自由的标准。比如，钱多了就自由了。但有了钱，平添了贫穷时没有的烦恼。有人认为有独处的时间是自由，而很快就又觉得无聊；有人认为结婚就幸福了，但没多久就又想去寻找外遇刺激。这些自由中充满着不自由。

其实，我们定义的自由不是真正的自由，那只是一种选择。选择的自由不是真正的自由，而且这种选择余地非常小。比如，我们走遍整条美食街，最后可能还是选择一碗面；游遍世界，心里还是惦记着自己家里的花草。

此后的余生2万顿饭，3000个会议，100场电影，100次按摩，10次生病，500次发脾气，600次失落，也有可能其中的一次生病就要了我们的命。这些就是我们生命的基本蓝图，但我们心中对自由这个概念的幻想却是惊天动地的，我们总以为有一个非凡的自由在等着我们。

我曾经和一个牙医聊天，我问他人生的理想是什么，他说想要自由。我问他自由是什么样子，他沉默了一会儿，说远离家庭的烦琐和生活的压力，找个没人的地方溜达溜达。我又问，然后呢？他说就可以回家了。——我们常把暂时逃避烦恼视为自由，把狭小时空内的选择权看成自由。

我们常把科技的进步误解为心灵的进步。美国每年开出超过一亿份抑郁症的处方，它的人口占全世界的4%左右，却关着世界上25%的犯人。亿万富翁自杀，博士生杀人，明星抑郁。这些人都活成了人人羡慕的样子，为什么还是不能自由地快乐起来？他们外在自由了，内在却没有自由。

我们误解了自由，认为可以随意消费、旅行、发脾气、吃美食、熬夜、为所欲为就是自由。其实这些让你舒服的都是限制你的，你被这些“自由”困住了。外在物质和空间上的自由并不是自由。人和动物同时被关三天，放出来后，第一件事都是吃饭、睡觉。但之后的需求就不同了，人有对美、道德、知识、智慧的需求，动物则没有。

真正的自由是心灵没有烦恼，没有因烦恼衍生出恐惧、痛苦。从外在来讲，自由必须有约束。一个课堂没有纪律会无法继续；国家没有法律就会乱套。就内在而言，能在任何事情上不执着，看得破，这就是自由。如果心里充满烦恼，即便走遍全球都是囚徒。心灵没有烦恼，才是真正的自由。

获得自由并不需要放弃世俗生活，躲进深山，只需要改变心境，世俗中超越就可以了。当然，也不要期待有一个自由的理想状态出现，有所期待就已经不自由了。我们的一生几乎都在期待中度过，而错过了当下一刻的生命体验。没有烦恼地体会“当下”就是自由。

自由先从放松开始，纵使我们公务缠身，心灵依然可以自由。没有杂念地投入事情是一种自由，做完事情不再被残留情绪所缠绕，也是一种自由。自私是束缚，无私是自由。自我是束缚，无我是自由。欲望是束缚，知足是自由。放下即是自由。

自由只能发生在超越的心中，不超越无法自由。超越首先要有超越的认知，这个认知就是看穿看破一切规律的大智慧，是站在更高的维度识破自己的认知盲区。看破纠结的起因，看破痛苦的来由，看破富贵荣华与苦难的虚幻，看破生命的无常，看破自我的无明，这一切都是功课，都是解脱的下手处。看破就是自在，看不破就是障碍，看破几分，自由几分。

不要习惯任何东西

习惯使人麻木，习惯的东西都是枷锁。

我曾经在珠海拍戏，住的是一个豪华海景大套房。第一次进房间，看见窗外蔚蓝壮阔的大海非常惬意，每天睡觉都舍不得拉上窗帘。可之后的三个月，望向大海的次数不及头三天的总和。风景没有变，我欣赏风景的触角却变得麻木了。

我们总是因太过熟悉而变得麻木，一切的有效期都不会太长，新鲜感消失后就会自动进入一种无意识的习惯。正如很多妻子抱怨自己新买了睡衣，丈夫却视而不见。妻子不再是他当初日思夜想、苦苦追求的女人，不再有当初那份心情、那个角度、那个感受。

习惯使我们如同反复播放的MP3，一遍一遍地循环，于是我们被模式化、机械化。习以为常，会扼杀我们的欣赏之眼。对于原本喜欢得不得了的东西，越来越挑剔，充满评判，要求更多。纯净的心渐渐蒙上灰尘，直至彻底封尘。我们不再用本能的觉知去碰触事物，我们的触角长出了老茧。

一个孩子对所有的事情都是好奇，一个新皮球，一个新书包，一个新餐盘，孩子都会欣喜。而长大后，无论得到了什么，都不再有这般的好奇与发现的快乐。

我们要训练自己回复到那份单纯的体验，回到第一次坐飞机、第一次得到心爱的玩具、第一次戴上红领巾时的那种期待和惊喜充满的心境。

单纯的心才能体会生命本来的趣味，经历复杂后的单纯更是人间难得，那一定是自我深刻反省并升华后的智慧与慈悲。

请别说自己善良

我们人还有一个通病，就是喜欢放大自己的善良，缩小甚至抹杀别人的善良。自己做的一点点好事都会放大成天一样大，别人做的天大的好事都会被我们轻视。恶魔也会觉得自己是善良的人。

我们总是认为自己很优秀，只是别人不懂。很多年前刚来北京，一次闲逛服装市场，生意惨淡，各家摊主互相聊天，几乎所有内容都在讲述自己对别人多好，别人如何对不起自己，言语里满是不平和气愤。我就在想，她们固然受了委屈，但或许她们也令对方受了很多委屈。为什么我们会放大自己的委屈，而完全忽略他人的委屈？这是一种不易察觉的恶，是要把优越感拉到自己一方的自私。

执着使我们偏心眼儿、小心眼儿，添油加醋，歪曲事实，颠倒黑白，欲加之罪何患无辞。与其说是说给别人听，不如说是说给自己听。自我需要这样的“谎言”来安慰自己，需要故意提炼甚至编造出一些优越感来哄骗自我的欲望。否则，就感觉不到满足。

语言、故事、情绪，可以使人像吃饱了一样满足。吃饭一天三顿，这种虚假的优越感比吃饭还多，一会儿就饿，永不餍足。没有人会往自己的饭里掺沙子，没有人会把一壶开水泼向自己，但是我们却时刻用这种狭隘切割着内心本来闪光的人性。

我们的善良都是有条件的，在没有利益冲突的前提下，我们的善良更容易显现。我们可以对喜欢的人、自己巴结的人、路边的乞丐和边远地区贫困的孩子、医院里垂死挣扎的病人发出善良之心，但当我们说别人坏话时，苛责别人对自己不够好时，觉得付出没有得到回报时，却依然觉得自己是善良的。

我们是多么喜欢把对他人的一点好放大成永远回报不完的恩情，又把别人对我们的善意，理解为是应得的福报；我们认为犯罪、打人的都是恶人，但无论自己多么明知故犯、挑剔、自私、嫉妒、傲慢，都觉得自己是好人。

孔子对五种恶人有着精辟的概括，这五种人的恶大过偷盗和犯罪，分别是：心达而险、行辟而坚、言伪而辩、记丑而博、顺非而泽。这些行为表面上看都具有极大的伪装性，非有生活阅历和大智慧的人是辨别不清的。

孔子说："从善如登，从恶如崩。"坚持善良就像登山一样艰难，但释放自己的恶就像从山顶上滑崩而下。

《老子》说，"上善若水""江海不择细流"，水的本质是处下，随顺的；真正善良的心像水一样，没有棱角、挑剔。柔弱无声不是软弱，而是不忍心以恶制恶的善良，是愿意放下自己的立场去体恤他人立场的无私，是没有得失之心的包容。善良的人懂得尊重别人的错误，而不是只尊重和自己意见一致的人。

我们是那么爱自己，但是对自己也并不善良。明知道欲望、怨恨、嫉妒是一种伤害，但就是紧紧抓住。我们看似用计较和愤怒在攻击他人，却忘记任何伤害都必须先穿过自己的身体。

真正善的人是慈悲的。圣人的境界是“方而不割，廉而不刿，直而不肆，光而不耀”。“争”是人的本性，求的是赢。“不争”是人之本心，求的是仁。智慧慈悲的人内心极其强大、富有，他会超脱地看待所有事情，就像一个大富翁不会在乎丢了两块钱。心量大了，事儿就小了。

有人问上帝天堂在哪里，上帝说“能将愤怒转化为喜悦的地方”。这个地方就是你的心。

无常之处

2013年7月14日，父亲在从拉萨回京，经停重庆的飞机上突然手脚麻痹，嘴角歪斜，说话含糊。我用平时得来的记问之学判断，父亲是中风了。

我脑中迅速搜索出急救的方法：十根手指尖的十宣穴位放血。南航航班的乘务长机智地摘下自己的胸牌递给我，我用随身携带的酒精棉片擦拭消毒。父亲的手指已经变成“塑料”手指，怎么扎也不出血。我抬起头心疼地看了一眼父亲，父亲用坚毅的眼神示意我继续扎。我忍着“大义灭亲”的内疚，使劲儿地扎。十几滴暗黑色的血放出后，我再抬头望向父亲，父亲的嘴角已恢复正常。

此时，救护人员上来急救，执意要将父亲抬下飞机。同时，航空广播里，机长发出关舱门起飞的指令，乘务长要我马上决定，是把父亲抬下去还是继续飞？当时父亲的血压情况很危险，低压180，高压220，随时都会出现致命的状况。我态度强硬地回答，也不能飞，也不能抬，请大家再多给我5分钟。我继续为父亲放血，父亲的情况一分钟比一分钟好。之后我们下了飞机去了医院，就近治疗。

当晚，看着状况稳定的父亲躺在病床上，我有些庆幸和诡异地问父亲：“爸，生命无常吗？”父亲动了动疲惫的嘴角，意味深长地点了点头。我去洗手间花了很长时间，才洗干净指甲缝里沾着的父亲的血。

我突然发现，在整个急救的过程中，我虽紧张但没有一丝恐惧，我不担心父亲会离开。或者说，如果父亲真的离开了，我是接受的，没有抗拒，没有抱怨，没有后悔，没有突然。亲人离开后的很多正常的反应和情绪我都没有。

事后我反省过这是不是冷漠，答案是否定的。我想，我已经能平静地接受一些人生无常了。我感到平时书中学习感悟来的道理，已经产生了真实的力量，让我的生命有了些许淡定，帮我渡过了这近乎生离死别的痛苦。

无常就是变化

无常这两个字并不难理解，意思是说：世间所有的东西都会变化，好的变坏，坏的变好，有的变无，无中生有，小到蚂蚁、蚊子，大到山川大地、日月星辰，一切万物都在这变化之中。

万物的变化由一些我们无法掌握的因缘条件决定着，这些条件又是由诸多的元素组成，组合而成的现象都是临时现象，缘聚物现，缘灭物散，不会永恒存在。

既然是组合而成的，就是可以被拆解的，无论存在时间长短，一旦因缘改变，就会分解消失；新的因缘重新组合，又成为一个新的现象。比如，我们要炒一盘西红柿炒鸡蛋，得有西红柿、锅、食用油、火源、鸡蛋、勺子和炒菜的人等必要条件，没有这些就不会有一盘西红柿炒鸡蛋。很快，它被大家狼吞虎咽地吃光，它又消失了。

再比如，我们想给爱人织一件毛衣，需要毛线、织衣针、时间，还有从妈妈那儿学来的织毛衣的技能和对爱人的爱，这些都是这件毛衣诞生的必要条件。但当有一天你发现男友正穿着这件毛衣在和一个漂亮的女孩眉来眼去，你会愤怒地冲上去从他身上扒下毛衣，躲进房间，以最快的速度把毛衣拆成如方便面一般的毛线。于是，那件你用爱编织的毛衣消失了。毛衣的消失则需要男朋友的花心、女孩子的美貌、你的愤怒，或者说你对男朋友的爱，这些因素缺一不可。

推而广之，一张桌子、一个杯子、一座大厦、一辆汽车、一盒泡面、一封情书等，一切有形无形的东西都在这规律之中。

这些显而易见的现象，我们理解起来貌似没什么困难，觉得发现这简单的道理不至于用“伟大”来吹捧。可是如果我们追着这个规律深入进去，就会发现这变化背后的因缘条件是多么不可思议。

还是拿一盘西红柿炒鸡蛋举例：我们并不认为西红柿和鸡蛋出现在自家的冰箱里是什么稀罕事，可是这个现象的确需要依靠数不清的因缘才能达成。除了农民伯伯的耕种、阳光、水、土壤、运输工具和第一个敢吃西红柿的人的勇气之外，还要有发明电的人、发明冰箱的人，乃至跟地球大爆炸都有不可切割的关系。这里边只要有一个决定性的因缘在中途被改变了，那么这盘西红柿炒鸡蛋就不会出现在我们的餐桌上。然而，我们几乎无法控制这些因缘的走向与发生，就像匆匆人群中那险些擦身而过的一见钟情，早一点或晚一点都不会发生。

用无常来思考生命和生死等问题需要些勇气。比如，无论我们是否感觉自己比两分钟前衰老了，事实是我们都不可逆地衰老了两分钟，也更接近死亡两分钟。不管我们能不能看见这变化，它都一刻不会停止。我们随时都在小死亡着。哪怕是现在我们吸进身体的一口气，里边都含有无常的成分。如果我们此刻身处伊拉克，或许这口气随时会被炮弹终止。

想要快乐是我们人类最基本的需求，也是最终需求。我们一生所做的各种事情，比如说废话、吹牛、刷手机、买名牌、吃大餐、占小便宜等，统统都是为了获得快乐的感觉。但因缘不只是为快乐服务，它也为痛苦服务，只要快乐，不要痛苦是一件不可能的事情。从这个概率上看，经历痛苦是极为公平的事，可我们人类不喜欢公平，喜欢被特殊照顾，能占点小便宜，能拥有他人没有的幸运。我们更喜欢把痛苦给别人，把快乐留给自己，甚至看着别人痛苦还会快乐。但也许下一个瞬间我们的快乐就会变成痛苦，每一个偶然都隐藏着必然到来的无常。

你也许会觉得，这种思考简直就是放着好日子不过的矫情，但其实恰恰是解析了解了无常，我们才能走出那种如迷雾般的未知的恐惧，从而活得清楚且松弛。

我们从未正视过无常

我们之所以忽视无常，是因为它太过简单，简单到让人懒得去琢磨。无常，就如同太阳东边升西边落一样地平常，但谁都不能否认太阳对人类的重要。

我们常因对事物的简单化理解而错过了对真相的了解。我们很少用抚摸情人身体和欣赏孩子脸庞的那股心思去思考无常，更不会站在无常的角度来解析生命，或运用它来看穿、消减内心的烦恼与恐惧。我们与无常就像老熟人，相识已久，却说不出它的细节。更如同我们早已拥有钥匙，却从未把它插进锁孔，打开房门，走进房间。

生活中小小不言的无常我们可以应付，比如，下台阶崴脚，挤公交被偷走钱包，这些都不会引起我们对无常的警觉，因为这些代价太轻，筹码太小，我们输得起。然而，在遭遇亲人的离去、爱人的背叛、事业的低谷、梦想的破碎等节骨眼儿上，我们的惆怅、愤怒、压抑、恐惧会完全爆棚，我们除了发脾气、沉沦、无奈地承受之外，找不出更高级的解决方法。我们这些激烈反应，都显示着我们对无常的认知不够，准备不足。我们宁可花大把时间去沮丧，也不愿意花点心思去检查自己的盲区。如能在日常中习练无常的观念，会提高我们的抗打击能力，减少在突变中受到的伤害，也会将我们从各种负面情绪中解放出来，从而也就解除了无常对我们的控制。

我们把人生无常挂在嘴边，但在心里宁死不屈地相信人生是有常的，或者说认为有能力将无常变成有常，起码在死亡之前。我们拼命地想掌握一切，大到择业择偶、成家立业，小到同事、恋人、路人的一个捉摸不清的眼神，一句漫不经心的话，一个无心的动作，我们都想掌控，稍有违背，立刻不爽。这个技术难度就如同眼前有一袋子乒乓球，你将它们倒在地上，期待有两个乒乓球能稳稳地摞在一起。仔细想想，这要求是多么苛刻和疯狂。

为了掌控一切，我们烦恼不已。越掌控越恐惧，越恐惧越想掌控，进入了一个没有出口的绝境。我们的聪明已经用光，没有更高级的认知和选项，宁可粉身碎骨也不肯放松。

我们之所以愿意把无常妄想成有常，是因为有常可以给我们提供得过且过的虚假的安全感，但这安全感短暂而无常。如果我们真的愿意站在无常的角度思考，就会看清它如同一剂暂时有效的麻药，具有欺骗性与最终徒劳的一面。

这个把戏一旦被揭穿，就意味着我们开始从逃避和自欺中醒来。这种清醒起初会引起巨大的不适和恐慌，需要一个适应的过程。能支撑这个过程的力量是对真理的热切渴望，或者是对生命巨大的困惑与厌倦。

不了解无常有风险

不了解无常的人生，风险系数非常高，就像光着脚走路，随时都会受伤。我们不肯接受亲人离去，容颜衰老，最不肯接受的就是死亡。这些不肯、不甘心会引发诸多情绪，失落、焦虑、压抑甚至仇恨。我们被这些情绪搅和得惶惶不可终日，无法过好这一生。

令人难过的是，我们已经习惯了承受这痛苦，已将愤怒、焦虑、嫉妒、猜忌、防备视为正常。甚至有时还会爱上这些情绪，还把它叫作人生滋味。这样的生命就像一场梦魇交杂的睡眠，无论我们睡得多累，多辛苦，也没有勇气醒来，调整姿势重睡。这种视苦难为正常，不是接受苦难后的超脱，而是一种被麻痹了的愚钝。

我们之所以不喜欢关注无常，是因为接受无常就等于接受了“随时失去”这个事实。我们习惯了思考如何拥有，不习惯思考如何失去。遇到好事我们还想要更好的事，遇到坏事总认为是命运不公，或者埋怨它降临得太早。其实，哪怕再让我们多活500年，我们还是准备不好，因为我们深深地被欲望掌控着。

欲望不相信无常，欲望只想得到。所以无常到来的时候，才被气得半死。失去的感觉像割肉一样，有谁喜欢没事儿老拿割肉的感觉难为自己呢？我们倾尽一生去获取那些大家都想要的名、利、情，我们必须通过拥有它们来拥有生命，得到后再用更大的力气保护它们不失去。全世界都在这么干，我不干，就是个傻瓜。整天应付这些已经把我们搞得筋疲力尽，似乎再没有多余的力气去思考那些“不值钱”的东西。

真正使我们受苦的不是“无常”，而是我们对它的无知。无知是一种认知盲区，未知会带来无穷的恐惧。我们对未知的东西都会本能地恐惧，小到陌生人，大到宇宙太空。唯一能降低这种焦虑与恐惧的办法就是：“了解它，接受它。”

比如：当你和鬼同时被关在一个房间，你听说鬼会吃人，你一定吓得半死，可是随着接触和试探，你发现它要不了你的命，你对它的恐惧也会渐渐消失。于是，以后你会比一般人都不怕鬼，因为你已经了解了鬼的习性，你不会再对鬼有猜测，不会再有不确定性，你反而可以更好地与它玩耍，甚至让它为你服务。此时，鬼对你来说不再是负债而是资产。只有真正的了解，才可以转化恐惧。

了解是快乐和解脱的开始。我们不要试图去改变无常，因为我们无法改变。无常像打麻将时别人手中的牌，别人不会因为我们的算计而改变他自己的打法。如果你不了解他的底牌，你将永远活在疲于应付和围追堵截中，不能真正地享受玩的乐趣。但假如你戴上一副透视眼镜，将对方的牌看得清清楚楚，你就一下子变得一切尽在掌握当中，赢的机会和玩牌的愉悦感大大增加，安然地在无常之中享受有常之乐。

当我们了解了这些因缘形成的无常的偶然性，或许会明白眼前这份安宁、平静的生活需要多少善意的因缘才得以实现，而它随时都可能消失。如果常常如此思考，我们对生活的要求就不再那么苛刻，不再那么非黑即白地对立，不再那么患得患失地担忧。

在被父母和爱人唠叨的时候会想，此生与他们相处的时间或许不会太多了，未来的某一天，床上不会再有他们睡着的身影，门口不会再有他们凌乱的鞋子，深夜回家不会再有人为我们留灯。

想到这些，我们会忍住那脱口而出的不耐烦，舒展开纠结成沙皮狗的眉毛，或许由此开始真正的理解与包容。此刻，你已经开始享用无常对我们今生的好处。

相对真理和绝对真理

解释真相的话叫真理。真理分两种，绝对真理和相对真理。不能被改变的叫绝对真理，也叫究竟真理，能被改变的叫相对真理。

“道”是绝对真理。对生命有疑问的人几乎都对道着迷，着迷于它的神秘与主宰万物的能力。从古到今，关于《道德经》的注解也有上千种。经中开篇就阐明了什么是道：“道可道，非常道，名可名，非常名。无名，天地之始；有名，万物之母。”道不是我们人类概念理解的那个理性逻辑的道理，它不是一个具体的东西，也无法用一个具体的名字定义它，因为任何一个东西都是它，以任何一个具体的名字或东西来定义它就等于因局限而否定了它。就像水滴和大海的关系，水滴来自大海，但不能仅用水滴来定义大海，如果把大海定义成水滴，那么就错谬了对大海的认知。

道无形无相，很虚无，不能被肉眼看到，但它是万物的源头母亲，是造物主。它主宰并超越宇宙一切的存在，是穷尽了万物对立变化的终极状态。它如如不动，但具有可以变化出万物的性能，万物都由它衍化而来。万物在它之中有规律地变化着，周而复始，无穷无尽。

道就是宇宙、万物、生命的究竟本质，它永恒存在，不会因任何变化而消失，不会因个人的喜好而偏心，不会被任何局部的小道理改变或推翻。就像春天的花开了会凋谢，秋天的果实成熟后会腐烂，冬天的雪会融化，这些显现都在交替变化着，但可以使春天开花、秋天结果、冬天下雪的那个性能是不会被改变的，是永恒存在的。不变的才叫永恒，变化的都不具备永恒性，都是暂时的现象而已。

能变化的称为相对真理，它的本质是变化，是不确定性。它的任何一种状态不可能持久，一定会转化到下一个状态，好的会变坏，坏的会变好，一切都在周而复始地转化，起点即终点，终点即起点。阐述这些变化的道理，都是相对真理。

相对真理的本质是二元论，人类的思维体系是建立在二元论基础之上。比如黑白、高低、好恶、美丑，都是相对存在的。黑相对于白存在，高相对于低存在，美相对于丑存在。反过来，没有黑，白也就消失了，没有美的标准，丑也消失了。厘米与毫米比较，是绝对的长，但与分米比，它就是绝对的短，长短的定义都是相对的。对比的对象一变，这个绝对本身马上被推翻。

二元相对真理只能解决相对的问题、局部问题，解决不了根本和全部的问题。只要有对立存在，就永远有对立的烦恼，心中有美就会被丑伤害，有正确就会被错误伤害，有善良就会被邪恶伤害。他人口中的赞美、怀里的恋人、银行里的存款等美好的一切，也许下一秒就被改变，我们立刻就烦恼不已。不管你怎么想固定它，它都不可能被我们的主观喜好改变，它一直按照自己的规律运作着，我们几乎不能掌握什么。

圣贤们说的真理隐藏得稍稍有些深，其实不是道理有多么晦涩难懂，而是粗钝的我们不去深思和感悟。古人说，真理从来不在现实之外，而都在现实之中。人在道中就像鱼儿在水中，须臾不可离也。鱼不知道水的存在，但是没有水它的生命就完结了。但人每天在道中却不知，就真的有些荒谬和可惜。

大道至简，真正的真理几乎都是简单直指本质的，而这种简单中蕴含着极大的不简单。我们和圣人的区别就是圣人明白内在的根本，而我们始终被外在的假象迷惑。除非有智慧跳出这个循环，回归万物源头的能量，就像水滴回归大海，回归后你不再是水滴而是大海，于是你再也没有了水滴的烦恼，而那时你完全可以左右水滴的命运了，这就是自由和解脱。

通晓究竟真理的人，如同拥有了一块万能的抹布，随时能擦干净心灵的妄想、颠倒、愚痴。很多人反感大道理，觉得大道理是不切实际的空谈，自己比大道理高明得多。智慧、德性、心胸不够的人是听不懂大道理的，正所谓“君子中庸，小人反中庸”。在无知者面前，真理有时更像是谎言。

二元头脑的困境

二元对立思维是人类思维的底层逻辑。头脑思维这个牢笼里充满了标签、评判、定义了的二元对立的死循环。二元对立作为哲学思考推演的工具，可以推演出相对真理，但无法到达绝对真理。

只要在二元对立中，就永远有问题和痛苦。你喜欢白，黑就会伤害你；你喜欢好看，丑陋就会伤害你；你喜欢拥有，失去就会伤害你。我们永远无法彻底摆脱二元带来的痛苦。

我们困在二元头脑中循环，死死地攥着这个属于我们头脑的特权，半点都不肯松懈。我们用自己的二元标准，非此即彼地否定排斥他人的二元标准。

一个被你嫌弃、抛弃的女人，可能是别人眼里的天仙。你最喜欢的某样东西，可能在别人眼里分文不值。在人类眼里没有绝对的客观，没有事物的全貌。

相对真理会随着对应条件的改变而改变，无法永恒。我们生活中运用的是相对真理，它的确管用，所以大家都不再去追求那个究竟的终极真理了。

道与德

道落实在人类身上的具体行为标准，被称为德。道德标准不是随意编造出来的，而是依据道的规律衍生而来的。德是道在人间的体现。人心的规律即是天道的规律，不可分割，也无法分割。

按照道的规律行事就是德，不符合就是缺德。顺应这个德会感到快乐，反之最终会得到痛苦。中国古人象天法地，“观乎天文，以察时变，观乎人性，以化成天下”。圣人教化我们明白这些道理，按照道的规律行事，可以免除灾难。

道既然是万物的源头，是造物主，那么被造之物一定有造物主的基因，就像孩子必定有父母的基因。人类从一出生就预制了道的基因，心中自然拥有道的标准。

道在人身上同样有不可逆性。比如：看见路边的乞丐会有恻隐之心，看见可恶的人会表达愤怒，讨厌自私自利的人，喜欢被爱被善待。即便是十恶不赦的人，心中也有这些标准，再没有知识文化的人，天生就会说顺应天理良心的话，这就是道的不可逆性。如果说道不存在，就等于否定了自己的本能。

或许有人觉得自己完全有能力不在这个规律之中，另立门户。比如，他相信利用不正当的手段可以获取财富，相信自己的聪明可以掌握一切，善良等同于傻瓜、吃亏，善恶没有果报。这样的人丝毫没有智慧。他不去思索生命的来处和关于命运的奥秘，他只想横冲直撞地满足眼前的欲望，迟早会遭受自己行为反作用力的惩罚。就像一个想活得长寿的人，却选择了一个加速死亡的方式。没有道德的人很难相信道德。

还有强烈的一种观点："圣人推崇伦理道德是为了奴化百姓。"这在现象上错了一半，从根本上完全错谬了。的确，道德在某些历史时期被君主当作愚弄统治百姓的工具，但其初衷和本质绝非如此。并且恰恰相反，圣人推崇道德，不是为了奴役人，而是为了保护人免受自作自受和互相残害的灾难。

心灵是宇宙的小程序

我们此生都在为心灵忙碌，这个心灵就是我们说的那个“我”。这个“我”被人类称为神圣无比且唯一的生命。我们随时受到它的支配，但又说不清它是什么。这是地球人最大的迷惑，也是生命最根本的迷惑，它大于任何一种对学科知识的迷惑。

如果不能了解生命的来处，我们的生命永远在迷惑之中。然而，由于人类感知系统的局限，我们无法看清生命的运作全貌，往往被命运支配，没有看穿并掌握它的能力。

人类是宇宙三维世界的一个物质成相，是被称为“道”的宇宙源头能量的低级的局部显现。这个所谓的“我”，是经由人类的眼、耳、鼻、舌、意的感知系统与外界的境缘相遇后所产生的认知、经验、记忆的总和，可以比喻为从宇宙根本能量中分裂出来的一套三维空间的小程序，如同微信里的小程序是从大的网络信息中截取出来的极小的一部分局部一样。

如果我们能看清楚微信的功能局限，那么也可以同样思索人类生命的局限。但这个局限本身蕴含着突破自身局限的功能，也就是说它可以被升级改造，通过升级改造而回归到源代码。它是活的，不是死的，就看升不升级，何时被升级。知道了这个秘密的人才能开始升级，否则只能继续困在小程序中承受因局限带来的苦难。

今生这一套小程序的内容是早在亿万年前就决定的，我们都曾被无数次地出生、经历小程序、死去、再出生，循环了亿万年。它是受无穷无尽的因缘，如太阳、月亮、星系、蝴蝶翅膀的震动、天地运动的更迭变化等有形无形的能量的影响，才得以短暂地成相，它有着自己的周期变化规律，也就是我们常说的偶然的必然，在相上看似偶然，实则背后是巨大的必然规律。

近100年来的物理学已经证明了暗物质、暗能量的存在。人类与万物因频率振动的波长不同产生了不同的样子。每个波段的生命感知到的世界都不一样，但都有自身的局限。所谓的神圣与平庸的生命意义，都是人类根据个人好恶、偏见、情感定义出来的，小程序本身就是这样客观存在着，它不是因意义而生，只是因规律而运行。它是因缘组合形成的暂时现象，不具备永恒性。缘来则显，缘灭则散。

人类之所以看不清楚生命的真相，是因为我们一出生就已经在小程序中了，如同直接出生在了游戏中，根本不知道自己是背后的源代码编辑而成的。在电子游戏中，我们一直相信自己就是那个角色、任务、剧情，并被动地不得不经历着喜怒哀乐、恐惧、激动、嫉妒、怨恨、甜蜜等情绪感受。因为无法跳出这个规则，所以顽强地执着于输赢得失。

如果一个演员在台上演戏，真的把自己气得心脏病发作，观众会觉得他是个愚蠢无比的演员。不明白生命真相的我们，何尝不处在同样荒谬的迷局中？

对于那个演员，我们忍不住想要提醒他这只是一出戏，只要他能清醒过来，他立刻就可以结束戏中的痛苦，这就是觉醒的生命状态。对于人类来说，这是宇宙中最伟大而隐秘的真理，可惜只有极少数人才能了解。这样的人无比幸运，这一刻的觉悟之心是亿万年的良善因缘累积的结果。此生不明白这个真理的人，无论有多少名利都是真正错过了生命。

骗人的五官

我们从小就认为“眼见为实”，这个唯物论的观点阻碍了我们看见更深的万物的本质。

人类五官感知万物的能力极其有限，就像盲人摸象，摸到的永远只能是自己够得着的那部分。五官感知不到的事情每分每秒都在发生着。人类肉眼可见光的波长在400—760纳米之间，耳朵能听到的声音在20—20000赫兹之间，对于更大的宏观或微观世界无法感知，更不要说知晓其他维度的世界了。我们对自己熟悉的身体都有着巨大的盲区，如：我们看不见自己的头发和手指甲生长的过程，有的时候甚至身体已经长了肿瘤都浑然不知。我们无法看见一朵花和一只蚂蚁的生命轨迹。我们对生命的认知太有限，太狭小，太粗钝。

人类通过五官感知到的相，就像太阳折射出的影子，极其不稳定，刹那都在生生死死。物理学家前赴后继地研究了300年，想找出物质的本质，探索到最后发现，物质的本质里什么都没有。这个世界没有一个实体，物质的本质是非物质。万物皆是因震动而产生的暂时的现象，它的本质是空的，物质分解到最后是能量，能量已经没有物质特性了。

爱因斯坦发现“物质是能量”。身体和万物看似是固体的，这是感官的错觉。构成世界的原子内部99.9999%是空的，以闪电般的速度穿梭在这些空间里的次原子，它们没有一刻是静止的，永远在运动，一秒钟的生灭速度是10的22次方，也就是1的后面要加22个0。这个世界上的万物，山河大地、桌椅、碗筷、你、我、狗皆如此。

生命一直以我们感觉不到的方式在动着，生生灭灭。它们的运动不是无理由地随意振动，而是受控于整个宇宙的能量信息场，有规则地创造出了我们看见的这个“真实”的世界。且不要说更遥远的，就连一秒钟24格的电影放映机都可以骗过我们的眼睛，将一连串静止的照片看成连续的，更何况那些超出肉眼功能局限的世界？这个难度相当于要一只蚂蚁搞懂银河系的概念，只能用不可思议来描述。人类的局限不可思议，人类的未知领域不可思议。

某体系认为，宇宙中的每一个东西都是由“地火水风”四大类性能构成。拿人做比喻：人体的呼吸是风的性能，骨骼是地的性能，身上的血液是水的性能，身上的温度是火的性能。中国古人也把这些元性能归纳为“金木水火土”五行能量符号，让人类来了解宇宙的奥秘。这也就是《易经》、星座可以推断出人类命运的道理。每个人的生命小程序不同，命运千差万别。有些人并没有出众的才华和背景，命运却风生水起，有些人拼命努力却依然贫穷、短命，一个妈生出的孩子，性格命运不同。

当我们开始接纳并相信无形的力量时，才有可能趋近更高的智慧，否则都是在困局中徒劳折腾。

这个世界没有你

“我”是一堆能量元素聚合而成的一个本质空无的小程序，从本质层面说，这个世界上没有“我”。在现象上，“我”与雨后的彩虹、海市蜃楼一样，都是幻化而成的，没有永恒性。尽管人类比它们有智能、情感，但这依然不能改变我们是被能量组合而成的事实。能组合就能拆散，临时组合的这个相，就像镜子中的影子。影子是虚幻的，是个冒牌货，本质上影子只是镜子映照出来的一个没有实质的相而已。

“我”是不存在的。说它不存在，是因为它随时可以变化消失，它只是暂有、假有，暂时的现象，无法永恒。在本质上是没有这个“我”存在的。“这个世界上没有我”，是非常震撼的观念。从来没有人告诉我们这个比天还大的秘密。

让我们来仔细分析一下，“我”到底在哪里。美国有一部电影，讲了一个小国家的人，在出国期间，自己的国家解体了，他的护照和身份证都不再有效，他证明不了自己的身份，无法说清楚自己是谁。这个故事戏剧性地把我们逼到了一个纯粹的角度思索：“当撕掉了这些标签，我们是谁？”我们自我介绍的时候，经常会介绍国籍、职务、身份，我们仔细思考一下，这些真的是“我”吗？职务和身份是你取得的成绩，那不是你；你账户的存款是你创造的财富，也不是你；姓名是为了区分你和他人的代号，也不是你。

肉体由几万根头发，几十斤的血、肉、水，206块骨头，亿万个细胞等组成。这些细胞从出生后每7年就要重新换一次，我们八岁的时候那个小孩是我，等我十八岁时，八岁的那个小女孩已经没有了。八岁，十八岁，二十八岁，八十八岁，哪个年龄是“我”？哪里有一个真实的“我”能够被确切定义？如果你的一只手臂断了，你看着那只与身体分离的手臂，你会觉得它是你吗？一个很胖的人，减肥后身上的肉消失了，那些被甩掉的肉还是不是他？真实的我在哪里？哪个东西才是真实的我？以此推演下去，无法找到一个真实的你。“我”就是一个临时组合在一起的物质的相。

了解到这个“没有的我”，对我们非常重要，会帮助我们看清很多之前的迷惑和执着。如果此刻有一个人正对着消失的彩虹而哭泣，你一定会觉得他正在自作多情地自我折磨。出于怜悯，你会上前拍拍他肩膀告诉他，彩虹本来就没有，只是雨后气化的虚幻现象。如果那个人听懂了，因执着带来的悲伤就会消失，如果听不懂，或者不愿意听懂，只想沉迷于失去的伤痛之中，我们则一点都帮不到他，这种改变只能靠他自己的认知觉醒。

理解一道彩虹的虚无比较容易，但如果联想到生命的虚无，这就很难让人接受。如果承认这个道理，就等于活生生地看着自己死去一样，再也看不到这个世界和亲人，还有那么多自己无法割舍的喜欢，这简直是无法接受的残酷的事实，还是装糊涂逃避比较好过。

舍不得

我有一个这样的朋友，他听我说这些，觉得很有道理，但他却选择逃避。他说，千万不要让我清醒，清醒了就再也不能“享受”这个世界了，实在舍不得。但是他又觉得这些道理很好，于是就常组织一些人让我去分享，自己就在门口把门儿。

这个画面又可爱又有些可悲。我们很多时候不是不相信这些真理，而是舍不得放下自己的享受。每个人舍不得的东西看似不同，其实都差不多，无非就是钱财、名誉、亲情、朋友。

不舍得是人最大的障碍和贪婪的习气。即便知道世界的虚幻和无意义，也不敢舍。连假的都不舍得舍下，更何况我们认为这个世界是真实存在的？眼前香喷喷的饭，被爱人伤害的心，短视频里的乐趣，这些都虚幻得那么真实，怎么舍得活生生地舍下？其实，大家混淆了放下和放弃的本义。

宗萨仁波切说：放下是放下对一切的执着，而不是放下一切。放下不是放弃。比如面对金钱的时候，放下的是改变你对拥有金钱的认知态度，而不是放弃赚钱。如果你把全部家当都扔了捐了，但欲望、执着还在，那也是本末倒置。钱是工具，是中性的，没有好坏，是人类的执着使它变得折磨人。没有对它的执念时就是放下了。没有执着，你依然可以运用你的才华和智慧成为亿万富翁。放下是带着超越的心拥有或舍弃，是内心接纳而不执着的状态，是为了更好、更轻松、更幸福地活着。

而放弃是排斥、逃避、否定，内心仍然处于二元对抗之中。放弃会使我们的生存和人际关系遇到非常大的问题，有很多宗教和灵修人士很容易陷入这种放弃的行为。他们内心非常排斥世俗，认为世俗是卑贱的，自己视金钱名利如粪土是高尚的。他们不知道，或许一个亿万富翁也有一颗视金钱如粪土的心，但他们不排斥用赚的钱为家人和社会服务，或者把赚钱当作修炼的课程。贫穷不是高尚的象征，或许是更愚蠢的执着。真正的放下是身在其中而不动心，而放弃是假装视而不见的屏蔽。二者有着本质的区别。

我认识一位出家多年的尼姑，因觉得家里人太过世俗而出家。出家若干年后，提起家人仍旧眉头紧锁，说自己不愿意和家里人再有联系，看见他们没有长进就讨厌。

出家的真正含义不是落发、吃素、念经，而是通过在寺庙的学习，获得过去没有的智慧。过去看不开的事看开了，过去看不顺眼的人和事都能理解包容了，今生放不下的执着都放下了。出家是为了有智慧放下内心的烦恼，而不是放弃搞不定的一切躲进寺庙。

放下即是不执着，不执着是世界上最难做到的事情，不能彻底看穿今生这出戏的人，做不到放下。很多开始追求放下解脱的人，都是受够了人间苦难的人，他们在苦难中看到了世俗成功后的空虚和无聊，用尽全力追求的幸福的消失，健康生命的转瞬即逝，习惯认知一次次被击碎。他们看到了生命的无力和无奈，开始寻找另外一条解脱之路。这是天赐的良机。那些曾经如粪土一样的苦难，已经沤成肥料反过来滋养生命之根，千万不要错过。如果你也受够了人生的烦恼和痛苦，那么你很适合学习放下的智慧。

放下也有个简单的评判标准，吃饭穿衣是本分，挑剔吃饭穿衣就是执着。有些人对于钱财还好放下，但是对于赞扬、诽谤、爱情、存在感很难放下。总之，能牵动你心情、情绪的东西，就一定是你执着的东西，就属于该被放下的部分。

放下不需要轰轰烈烈、大动干戈，可以从点滴开始，可以从眼前一块美味的肥肉、一个漂亮的包包、一个偏见开始。自己劝说自己，不再陷入之前的执着迷恋之中。我曾经有一段时间每次在吃饭前，故意不去分别饭菜的味道，去吃不爱吃的食物。我发现当我去掉对味道喜好的定义后，那些不爱吃的饭菜居然没那么糟糕，也会从中吃出美味来。就像很多饿疯了的人的嘴里没有不好吃的东西，所谓的好坏都是心在作怪。

初步尝到放下后的轻松滋味后，尽量在这个轻松的空当中多停留下，尽量延长它，不要急着进入下一个忙乱。转变心态的同时，你依然可以享受财富、职位、亲情，但是你心里已经把这些看穿，知道它不会长久。时常这样观照，你就慢慢断了贪欲和执着。

看破才能放下。人很难放下没有经历的事，因为他没有感受，他不知道该放下的那个东西是什么。很多事情你用心经历它，感受它，你才能看穿它，看透才能不留恋，不留恋才能放下。只要你还对它捉摸不透，心里就还是会牵挂留恋，有牵挂就放不下。

或许我们还可以升级一个维度思考：这个世界，任何一样东西都没有一个实质，没有一个真实的自我，以及我所拥有的财色名食睡，这个世界上的任何一样东西我都没有所有权，只有使用权。大富豪也会死，穷光蛋也会死，长得美若天仙的人也会死，长得奇丑无比的人也会死。这个世界上最公平的就是死亡。我们的生命就是一场自己娱乐自己、自己折磨自己且最终徒劳的游戏。你常常这样想，慢慢就会看破很多纠结和痛苦。

有和没有的生命

大家千万不要误解，在此说的没有，不是什么都没有了的断灭和虚无，而是在说生与死，有与没有之间的转换现象。这个“没有”是指在有形的物质层面的相，而它们皆来自无形的“有”。虚幻暂时的“没有”的背后有一个真实永恒的“有”。这个“有”就是那个神秘而伟大的道。

道显化万物的过程，在肉眼层面就是无中生有，无中生有的现象随处可见。万物自动会发芽、生长，潮湿的地方会自动生出小虫子，精子和卵子能长出一个人来，都靠的是这种“有”的性能。

拿人的生命做比喻，一个有形的精子和卵子是靠什么东西长出一个人？如果 DNA 是源头，那么又是什么产生了 DNA 呢？准确地说，精虫和卵子是我们身体的起点，但不是生命的起源。古代参禅的人也一直在参“父母未生之前的我是谁”、是谁创造的上帝等千古追问。这个起源中国古人早在几千年前就知道了，那就是所有的生命都来自“道”的幻化。无形的道，幻化出宇宙万物。

我们把短暂的肉体生命视为生命的真相，认为人死如灯灭，死了就什么都没有了，这是对生命巨大的误解，这使得我们从根本上一再错过生命真相。

我们头脑中的知识使我们极难相信这些真话，即便勉强相信了生命是虚幻的，但也只关心如何在这一段虚幻的生命中能活得更爽，至于其他，懒得思考。我曾经与朋友聊到这些话题，朋友起初非常聚精会神，最后说："我不知道我过去是谁，死后变成谁也不知道，我只关心我这辈子能不能活好。"我问："你觉得你这辈子活得好吗"？她说："早知道活着这么累我就不来了。"我说："正是因为你一直不思考这个问题，所以你生生世世都在随波逐流地受苦。"

我们分析这些不是在探讨学术问题，不是非得提炼出一个安慰自己的借口，而是为了终结糊涂的生命状态。糊涂带来苦难，我们不怕受苦，就怕受苦不值得。如果我们认为它真实存在，就会永远过着有副作用的生活。如果你看清它"无"的本质，就像魔术被揭穿，所有关于"有"和"无"的把戏都消失了，你也就从对"有""无"的执着中解脱出来了。轻松快乐地站在"无"的角度享受"有"给你带来的潇洒和喜悦，这一切完全取决于你对生命真相的认知层级，迷悟都在一念之间。

我们已经被困在这个框架里亿万年了，在其中欲壑难填、永不满足，纠结、抑郁、愤怒、抱怨、死亡，然后再被出生，就这样永远无知糊涂地轮回着。是时候拿出点勇气结束它了。等到生命即将终结那一刻，再去思考显然已经来不及了。我们应该用有限的生命去升级生命，在死亡来临之前搞清楚一切。

生命的阴阳系统

身体有两个系统：一个是物质层面的显现，就是我们的身体，是阳性能量；还有一套阴性的可以被感知但无法被肉眼看见的意识系统，被我们称作灵魂。二者不是对立的存在，而是你中有我，我中有你，互相依附，如同一枚硬币的正反面，本来一体。

一个生命的产生，需要阴性能量的灵魂和阳性能量的物质的结合。而我们因为先天的局限，只能看到物质生命而看不到非物质的生命，以至于认为它不存在。

从物理角度讲，灵魂是一团携带信息的原子。如果用手机做比喻，身体就如同手机的硬件，灵魂如同芯片承载的信息。信息看不见但我们都知道它的存在，没有任何人怀疑它的存在，但是对于灵魂的存在我们却很难承认。

灵魂，不会随着身体的消失而消失，就像手机硬件坏了，芯片上你的信息依然还在，换一个硬件，信息还会被继续读取出来。肉体死亡，也就像脱掉身体的外衣，之后再根据灵魂中的信息频率，自然被吸引去向下一个寄居地。西方有研究灵性的科学家通过仪器观察人的身体死后，有一股白色烟状物从心包一带离开身体，朝上空漂浮。

离开身体后的灵魂会带着我们的全部生命信息继续“活着”，它与有形的物质世界一样，也有很多个层次。其中，最美妙、纯净、永恒

不变的状态，在佛教被称为佛，在基督教被称为上帝，在印度教被称为梵，在伊斯兰教被称为阿拉。

生命不仅仅是人类，猫、狗也都是生命，都存在于各自的频率之中。每一个相同频率的信息就构成一个世界，其中有善、有恶、有美、有丑、有贪婪、有愚痴、有罪恶、有清净、有美好。最低级、最令人感到痛苦的频率能量被称为地狱，最美好、祥和的被叫作天堂，好坏参半、善恶参半、福祸参半的叫人间。

有人会说，如果生命是虚幻的，那么无所谓善恶，哪怕是杀人越货也无所谓，只要自己开心就好了。记得我们之前说过，我们的生命是宇宙能量主宰的一套个人化小程序，如果我们生前做过很多善事，灵魂中就有很多善良正面的能量，我们将依靠此能量去到一个相对美好的境界。反之，做下很多自私自利的事，心境中自私、阴暗、负面、无知，就容易与低能量的频率相应。所谓的因果，就是这些能量频率的自行吸引，你的小程序里有什么，你就与什么相吸。没有无因的果，果又转因，因又转果，循环往复。如果我们想要幸福顺利的一生，就要减少自私，多付出，利益他人，就会得到相同能量的回馈。

现代社会有电脑、飞机、手机等这些高科技的产物，使我们误认为科学有能力解释一切。其实，现代科学对生命真相的认知，可能远不及几千年前的古人。科技为了让人类舒服、方便、快捷，发明出来的某些东西，反而可能成了人类自身智慧的绊脚石。人体本身就是宇宙全息能量的代表，完全可以靠对自身纵向深刻的体悟见到宇宙的真相，从而活出真正的生命的样子，而事实是我们一再迷失、错过。

我们从不质疑自己花了几十年学会的经验和知识是否是真相，我们从来不会以一种彻底反转的角度去重新看待周遭的一切，我们一直顽固地苟且着。也许，某些较为极端的情境也会触发我们对生命真相的思考，但由于巨大的认知盲区的障碍，很快就又回到盲区中去了，就这样亿万年被蒙蔽着。

在恐惧中复活

恐惧是整个人类的感受，不是某个人独有的倒霉或不幸。恐惧是最接近死亡的感觉，对死亡的恐惧是人类最无法突破的终极恐惧。当生命走到尽头时，我们不顾一切地拿出毕生的积蓄去延长生命，都无济于事。

我们对死亡没有认知，没有准备。平日的我们，心灵太过散乱，慷慨地把宝贵的生命都花在了关键时刻起不到任何作用的事情上，每天宁可刷手机，把眼睛累瞎，都不愿意去深度思考一下关于生命的重大问题。等到疾病和死亡来临的那一刻，除了坐以待毙、恐惧、悔恨、不舍，什么也做不了。生前所有的梦想、妄想、计划、欲望在死亡面前都如同笑话一样，可等到那个时刻再感叹这些，已经无用了。我们一再钻自己生命的空子，开自己的玩笑。

如果此刻有人告诉我们人可以不死，你会不会觉得是个天大的喜讯？会不会有巨大的冲动与好奇去学习这个智慧？这些都是极其重要的反思。这才是对生命真正的负责任。你不思考，真理依然存在，真理不会因我们的无知而消失，它永远在你的生命中熠熠发光，等着你去看见它。

我有一个朋友的父亲，声称自己是基督教徒，对其他信仰嗤之以鼻。一次，他需要做一个危险系数非常高的手术，在推进手术室之前，他无比紧张。我的朋友是佛教徒，她塞给父亲一串佛珠，让父亲念佛保平安。父亲一把就把佛珠抓在手里念了起来，仿佛这串佛珠比心中的基督更能安慰到他。手术顺利完成，父亲感叹说在手术室里他感觉到了有佛在保佑他，他问女儿自己这个年纪再改信佛教，不知道佛祖收不收他。

人在没有退路的时候，才能检验出平日的信仰是真是假，你到底真的相信什么，抑或什么都没有真的信过，那一刻看得最清楚。我们平时满口大道理，用各种深信不疑的观念去和别人抬杠，排斥异己，真理也变成了保护自我的工具。但假如在关乎利害得失、生死攸关的时刻，这些真理不能使我们更从容、有把握、豁达、看破的话，那么一定是你误解了真理。

死和生同时存在着，是无法被分离的整体。从我们诞生的那一天起，我们就有了随时死亡的几率，死亡没有一刻离开过我们。我们只是一味地恐惧死亡，却没思考过如何更有质量地活着。死亡的恐惧笼罩在心上，我们很难活好。如果死亡对于我们来说不再是未知的恐惧，而是一场有把握的战役，那么我们瞬间就放松了，就彻底解除了对死亡的恐惧。

我们不需要等到身体消失的那一天才去体会死亡，完全可以当下就放下烦恼、贪恋、极端的欲望，这是蒙昧与智慧的分水岭，迷失与觉醒的转折点。放下的当下就是解脱，不必等到死亡那一刻。放下，这需要用极为强大的心力去克服恶习和改变认知，很多人都停止在半路上或从未开始过。

除对死亡的恐惧外，我们对一切未知的东西都是恐惧的，尤其是独自面对自己的心灵的时候。我们常抱怨没有时间独处，但当真的独处时，却无法独自面对不忙碌的空白，无法自处，无所适从，那是一种没有分量的荒芜和死寂。一直被热闹、好胜、贪婪喂养大的心灵在此刻再也无所依托，生出巨大的恐惧，没有外界的一切，简直不知道自己是谁，不知道生命还有什么意思。我们彻底迷失在自己的心中，那是只有你自己才能体会到的荒芜感。为了逃避这份恐惧，我们又要赶紧回到热闹中去。

每一个恐惧都是过度放大了那个几乎不可能到来的结果，看穿它才能真的不受控制。学习与恐惧共处，平静甚至带着恐惧地观察它，把幕后那个原罪的真凶找到。它或许是儿时父母对我们的疏离，或许是我们的遗传基因里的信息，或许是因低认知水平产生的迷惑。你可以先尝试从放下不那么重要的事情开始，然后观察放下它之后的心境，渐渐地你会发现，放下并没有头脑中假设的那么痛苦，反而有一份轻松和喜悦。

恐惧的反面是无忧、自在，这个世界上没有一个人不想要这样美好的感觉，只是一直认为快乐的来源是金钱和自我。

绝望是件好事情

如果你认为人生真的有一个实在的东西是你所拥有的，那么你将大失所望。其实，我们对什么东西大失所望的同时，内心仍然对它充满渴望，还是认为有一个真实存在的东西能被我们抓住和拥有，哪怕只是暂时的拥有。

对于我们这些受习气惯性牵引亿万年的人来说，这些看似简单实则深刻的认知，需要长期的学习和感悟才能接纳。毕竟，这是一件反本能的事，并且无人奖励，无人喝彩，只是依靠内心对信仰的认同，以及渴望解脱的心来默默坚持。这一点非常难做到，特别是人在低谷的时候，会怀疑信仰的存在，解脱的意义在哪里。其实这个时候恰恰是最好的体悟解脱意义的当口，就像病入膏肓的病人对药物的渴望。此刻我们更应该觉得解脱的重要，只有解脱了身心的困境，才能不再回到痛苦。

有两头驴子，一头要去西天取经，一头留在家里磨磨，主人要它们自己选择。一头驴子觉得整天驮着经书，沿路还会遇到很多风险而选择留在家里。几年过去了，它们各自都走了几万里的路。西天取经的驴子回来了，磨磨的驴子问它苦不苦。驴子说苦，但是自己学到了很多。它的内心与出发前已经完全不同了，而磨磨的驴子在原地转圈，同样也走了几万里路，但内心依然在苦闷中。

我们纠结努力地奋斗了一生，假如内心没有成长，没有获得解脱的智慧，那么依然是在原地踏步。放下欲望看似辛苦，但最终会快乐，会通往光明。世间路看似得到了欲望的满足，但最终仍在黑暗中。根本上的认知转变不过来，痛苦就永远不会终结。一个人的内心自在，以世俗的标准来看，他可能会很失败，但他心中却有成功者无法拥有的祥和与快乐。

当你真的承认人生一切都是徒劳之时，会看到世界无意义的一面，你会感到“绝望”。这个绝望不是消极的虚无主义，而是看穿一切的智慧。

绝望是希望的开始，是重生的起点。绝望无须等到肉体消失，现在就可以绝望，现在就可以重生。假如明天就死去，我们今天会做什么？死亡把我们逼得清醒，让我们不得不做出选择和思考，是否该为死亡做些什么准备？这个准备不是写遗嘱和交代后事，而是真的明白生命的真相是什么，死亡是什么，死后的世界是什么。

有个故事，五官科病房同时来了两个人，都是鼻子不舒服，二人都在等化验报告出来。甲说：如果自己得的是癌症，就立即去完成自己的人生愿望，乙也表示如果自己是癌症，也要去实现自己的愿望。结果出来了，甲是癌症，乙是鼻子息肉。甲按照之前的计划实现自己的愿望去了，乙留在医院里治疗。半年后，乙给甲打电话，听到甲激昂的声音。甲说，他很感激这次病魔让他完成了之前一直没有勇气和决心去完成的事情，并且花了大量的时间去学习关于生命的真相，以及令他恐惧的死亡。现在的他可以豁达无惧地面对死亡了。乙默默地挂断电话，他因为得的不是癌症，而没有机会实现当初向往的事情，得过且过，仍然卡在死亡和生命的盲区之中。我们何尝不是如此?

时刻用死亡来观照每一件事，会让我们有力量从日常烦琐冗沉的生活轨迹和情绪中走出来，逼自己清醒地看清楚到底什么是该珍惜的，什么是该放下的。想到死亡来临的孤独和恐惧，现在的每分每秒都应该是节日。了解了死，才知道怎么活，这就是死对生的意义。

福气

我们不知道福气是怎么来的，怎么走的。所谓的福气和灾难，都是宇宙的能量。牛顿第三定律讲了作用力与反作用力。比如，你用拳头砸墙，你的痛感级数与你打出去的力量是相应的。宇宙万物都是以圆形的轨道周而复始地运转，起点即是终点，终点亦是起点，正所谓“反者道之动”。

我们的头脑发出负面频率，就会感召同样的负面频率。反之亦然。这也是德行的奥秘。福气和德行是连体的，德行是好的频率，也就是福气的频率；缺德是负面频率，也是厄运的频率。频率的发出与接收相互纠缠，相互抵消。

我们为了得到福气，常不择手段地算计、争斗，甚至伤害他人。这或许可以让我们得到短期利益，却种下了不善的恶因。在某一个时刻频率的因缘成熟，厄运就开始了。

有个故事，农村有个男子收工回家，听见远处的一个枯井里传出了孩子喊救命的声音。他本来想去救，但一念私心起来，没有去救孩子而是回了家。回到家后，妻子说儿子不见了。过了一会儿，邻居们抬着他奄奄一息的儿子回来，原来刚才在井里呼救的是他的儿子。这样的故事听起来像是编造的巧合，其实民间这样的故事非常多。善恶的能量待时机因缘成熟后，会自动回到自己身上。

我们的身体来自父母和祖辈，细胞中自然也有祖上的频率能量。例如，有的人生下来命就很好，生在富贵之家，要风得风要雨得雨，其实这些与他本身没有关系，都是祖宗和自己过去累积的福报能量，但这也会有消耗殆尽的那一天。我们福报都是有定量的，在享乐的时候福报也会被消耗，如同银行存款，花完了就没有了。我们也经常看新闻，很多大佬被抓进监狱，有钱人破产，大家族的子孙堕落，这些都是福报用尽的显现。他们只顾着享乐和消耗，没有积攒和存储福报。

宇宙的稳定是一种平衡，凡事过分过激了，都会导致能量失衡。有福报的人会处处为自己积累福报，以求得平衡。如此说来，“福德存款”对我们来说就非常重要，趁我们还有机会，尽量多存点，以备不时之需。

我们经常说好人有好报，但是现实却看到很多好人受尽了委屈和艰辛，还过早死去；很多恶人胡作非为，却活得滋润无比；博士毕业，却常常听命于没有文化的土老板；一个歌星出场假唱3分钟，收入是一个普通工人一辈子的收入。我们似乎看不到善恶有报机制的公平。如果做善事没有很快显现福报，会令我们不相信因果能量的存在。

福德不都是以显而易见的样子出现的，决定眼前这一刻境况的因缘极为复杂。有时候它会伪装成苦难、烦恼、挫折来到我们面前，表面上看起来是坏事，其实暗中在朝好的方面转化。表面看是好事，其中也隐藏着厄运的祸根，但或许你并不知道。你在一次严重的车祸中安然无恙，躲过一个闪电，一个令你讨厌的人可能是你的贵人，这些都是你过往善的能量的回报。善人会经常遇到歪打正着的好事，而恶人会在好事上栽跟头，这背后的规律奥秘而神奇。

感恩能积累福报。感恩的心必定是恬淡、宽容、低欲望的。感恩的人不会把得到看成是理所当然，哪怕是每天吃到的可口的方便面，因为他懂得这一切的背后可能是几十年甚至几百年的因缘成熟了，才能促成这一瞬间的拥有。他会感恩每一粒稻谷，每一口干净的水，每一个善或不善的因缘。他不是感恩那个东西本身，而是背后那无穷的因缘。感恩的人明白了这个道理，所以他不会沉迷占有，更愿意多回馈他人。《道德经》讲：“既以为人，己愈有；既以与人，己愈多。”不存所得之心地多给予别人，自己反而会收获更多。这就是福气的奥秘。

我们太缺乏感恩，我们这些自命不凡的人类，经常把自己打扮成智慧超群、卓尔不凡，却忽略了隐藏其中的猥琐、胆怯、自大、傲慢。自我欺骗的人是不会得到真正的福德的，积累福德我们必须深信因果，不能半信半疑。不能阳奉阴违，必须老实，诚实地去做，没有丝毫虚假和侥幸。

福德和罪业也都是没有实质的东西，也是空的，是一连串的因果能量的显现，显现过了，就没有了。如同我们吃大餐，再好吃的饭和难吃的饭都会在一定的时间内被身体消化，我们只是过了个嘴瘾。它不会因你的执着而偏心于你，也不会因为你烧香拜佛而改变它的轨迹。时机成熟了，它自然会显现。我们只需老老实实地去做，无须用力和执着。执着本身就是一种失去，执着于做善事来增长福德也是一种执着。在有求的心里会把善恶好坏看得如此非黑即白，非此即彼地等价交换。当我们懂得它背后的规律时，就会把经历苦难看作是清算债务，无须悲伤，享福的时候也是在消减福报，无须得意忘形。心超脱了，没有一件事是坏事，我也就从因果中跳出来了。

我们总以为拥有金钱、地位是福气，其实真正的福气是平安，平安就是你还没有住在医院里，没有被人追债，家人还健在。这是我们花 500 亿也买不来的东西。我们挥霍的今天，正是那些即将结束生命的人苦苦祈求的明天。

比平安更大的福报是觉醒。有智慧的人深知这个规律，他们不会为了既得利益给自己埋下祸根，他们追求的是生命永恒的大利益。

智慧是没有迷惑的状态

智慧是一种状态，用物理概念来解释更容易些，它是一种宇宙能量。既然是能量，就有层级之分。人类有着自己应付生活的智慧，但这种智慧等级非常有局限，又因局限而产生了认知盲区，盲区又导致迷惑，很多事情看不清、听不懂、不知道。我们通过努力奋斗取得些成绩，看似已经掌握了什么，实际上，无法知道命运接下来的安排，无法知道睡在同一张床上的人的想法，无法知道什么时候生病、破产、升官、发财。我们是海上的浮萍，随波逐流着。我们所有的痛苦都来自这份迷惑。

有痛苦，智慧才有用。智慧就是来解决我们的痛苦的。圣人的智慧是超越人类的，他们没有盲区，对宇宙、生命是全知的。知道了就不会迷惑，就在根本上去除了痛苦的因。

智慧不是常识，它涵盖并超越了常识。智慧和聪明不同，智慧的人是看透全局，聪明是看透局部。聪明计算短期的利益，智慧则看重最终的利益。聪明得到的利益是有风险和后遗症的，而智慧是穷尽万物的规律后做出损失最小，甚至没有损失的决定。这个利益不是用金钱来体现，而是最终获得生命永恒。钱财会用光，而智慧不会。可很多人都没有耐心等下去，我们太急于得到。哪怕得到后是痛苦，也要先得到再说。欲望来了，智慧就走了。

头脑是陈旧的，它每天 99% 的时间都是在重复过去的思维，它一代接一代地复制局限的认知，看似敏锐，实则愚钝，看似有超越的悟性，实则从未被开启。头脑思维会遮蔽智慧。

智慧不是来自常识，而是来自反思和感悟。头脑思维属于知识范畴，智慧属于人性、灵性范畴。比如，目不识丁的人可能具有深刻洞察人性的智慧，相貌平平的女人可能天生具有相夫教子的智慧。智慧能量是人与生俱来的能力，从未离开过任何一个生命，它只是被一直埋没而已。

智慧如同一把手术刀，来层层解剖迷惑不清的生命，直至看清生命本质。剖析生命本质，不是为了放大负面来否定心灵和欲望，而是为了帮助大家看穿它的虚幻性，不再被这虚幻吊足胃口，从而更从容地与它相处、游戏。所有的智慧都是超越的。有局限就是智慧还没有透彻，不是真正的大智慧。

智慧可以使有钱、没钱、有名、没名、患病、健康的人都快乐。智慧等于快乐。快乐与金钱没有关系，与智慧有关系。有智慧的人是最富有的人。智慧是心灵的长大成熟，成熟的心不会再被低幼的问题所迷惑，不会再为了扮演他人心中的完美而陪别人演戏，不会在世俗概念中寻找价值。

有智慧的心是最有力量的心，有智慧的人可以脱俗，哪怕是面对死亡的那一刻，依然淡定。在智者的心中，早已了知“人是不会死的”的这个真相，他只是在经历肉体的消失而已。他对自己的心非常有把握，这是任何世俗的得失和意义都不能替代的喜悦。他会安住在这个超越的状态，活在这个世间，但他从未属于过世间。

我们总认为智慧是随着年龄和阅历增长而自然会有的东西，真相是，很多成年人甚至老年人，一生都困在孩童时代形成的认知维度里，顶着大人、家长、领导、老师的外壳幼稚地活着。我们无数次地在低幼孩子的行为中看见熟悉的自己，但为了完成角色，我们必须佯装成万能的权威的大人，其实内心早已汗流浃背，气喘吁吁。

困在局部中的人，是一种“不知道自己不知道”的状态。障碍我们头脑的不是那些我们不知道的，而是我们以为知道的。不知道的人会以为自己什么都知道，所以不再探索。苏格拉底之所以被封为哲学家，就是因为那句“我知道我是无知的”。知道自己无知是智慧，无知是智慧的起点。那么，当我们知道了那个虚幻的自我和欲望最终会令我们失望，我们是否应该调转方向，开始尝试放下对它们的执着，用更多的生命时间去寻找体会那本自具足的大智慧。最美妙的是，这几乎不需要花钱，只需要明白并实践。

智慧并不是都以高大上的样子出现，有时是以平凡，甚至笨拙的姿态显现。苏格拉底在给学生讲课的时候被学生提问：“怎样才能变得与众不同？”苏格拉底没有正面回答。他说从今天起，你们每个人每天举手 300 下，一年以后我告诉你们答案。一年后，几乎所有的人都忘记了此事，苏格拉底突然问学生，有谁做完了举手臂的功课？学生们低下头说：“头两天还在坚持，可是每天做重复的动作太无聊了，并开始怀疑这么举手的意义，觉得不如花这个时间去睡觉。”这时有一个人说自己坚持做到了每天举手 300 下，他举起了藏在衣服里边健美的手臂。这个人就是柏拉图。独自与信仰对话的人，才有力量独自穿越无聊、恐惧的黑暗，才最有可能第一个看见光明。

聪明的人头脑固化，很难相信自己经验之外的经验。因为不明白，所以不能持续信任。这种信任是对还未能亲身证实的未知深信不疑地相信，就像我们侍奉久病的父母，尽管我们不知道他们是否会因为我们的照顾而痊愈，但我们依然全心全意地去做，即便父母离去也不会后悔。对父母的爱就是我们的信仰，我们对真理的追求也应该像对父母的爱一样，无私而坚韧。

真理不在解答中，在体悟、觉悟中。智慧是淤泥中的莲花、矿石中的黄金，是超越后的深刻感悟。

听真话需要勇气

我曾在一个富人俱乐部做分享。一位白手起家的亿万富豪表情坚毅地对我说："你说的这些东西没有经过科学检验，我不能盲目相信。我敢断定，在地球上最聪明的一定是人类，未来也会如此，没有什么是人做不到的。"我说："我们人类始终在盲目地相信自己不完全了解的东西，以至于我们认为自己是人类这个概念都是盲目的，因为我们并不真的知道什么是人，什么是生命。"

这位企业家或许真的靠自己的努力和聪明才智获得了他想要的命运，但如果努力和计算就能如愿，那么世界早就没有贫穷了。放眼望去，满大街都是为钱疯狂的人，但为什么依然贫穷？人总是无限放大自己的本领，而不承认人之外的因素。

在真理的推导下，所有的欲望与物质都像一条条将死的鱼，显得那么廉价与无意义。这如同我们用毕生的积蓄买下了一块价值连城的宝石，你将拥有这块宝石视为人生的全部价值，结果有一天到了一个地方，发现满地都是这样的宝石，如瓦砾一般被人踢来踢去，他们根本不觉得这个宝石有什么非凡的意义，因为他们没有被教导过宝石的意义，他们没有值钱与不值钱的概念，他们完全不受这些价值观念的控制。与他们相比，我们对宝石价值的认知完全像一场谎言，一场骗局。这个真相太残酷。我们宁可在欺骗中溺死，也没有勇气在真理中获得半点真正的自由。

大家之所以不愿意去探究真理，是因为真理有时候真的让人很不舒服。窥探真相，如同拆掉一直包裹伤口的纱布而直视伤口。或许会因为看清楚而增加恐惧，但也或许因为看清了伤口而减少盲目的恐惧。了解真理的确需要花费些时间，拿出些勇气，焕发些热情，并且还不会令你的存款数额增加。我们要有多大的勇气和胆量，才能持续沿着这条“自我毁灭”的道路走下去？除非是对生命真理极度渴求，或者正有人拿枪指着你的脑袋，否则，下一秒，你就可能把书扔在一边，去打游戏、喝咖啡了。当然，也可以继续跟着这本书不舒服下去。我们既渴望从真理中获益，但内心的傲慢又不能臣服于它。我们都死在了似懂非懂的半路上。

真理是看穿欲望后一种解脱的心境。了解真理，获得智慧，是给心灵打扫卫生，扫除思维认知中的盲区和死角。每天打扮外在的自己，穿显得有气质的衣服，但我们对心灵的美容却远不及这些的万分之一。就仿佛你有一棵大树，而你从不往树根上浇水，而是每天往树叶上浇水，本末倒置了。

一体永恒的生命

我们人类因先天的局限，总是把肉体的消亡看作生命的终结，不知道还有永恒的生命能量，更不知道它就在身体里的意识之中。它无法被人类肉眼看见，它独立于任何因缘之外，独立而永恒地存在着，但又可以使万物得以显化。每个宗教对它的称呼不一样，有的叫本体、如来、空性，有的叫上帝，它就是我们生命的根本。为了交流方便，现代觉醒的人称它为觉知意识，这才是真实的我们。

我们会觉得觉知意识就是脑中的思维，这是非常大的错谬。觉知意识不是思维，它是能使我们思维的那个功能。思维是觉知意识迷失后的状态。思维不是真正的你，觉知意识才是真正的你。古代觉者说“你是你的观察者”。真正的你，不是你的大脑思维，不是被知道的那个物体、现象，而是思维背后能感知一切的那个觉知。那个全知全能的觉知才是真正的你。

肉体消亡后，思维是可以停止的，但意识永远存在。这个一体的永恒的生命，没有年龄，没有时空，没有生死。这是深陷头脑思维中的人类极难知晓的，这角度如同用眼睛看见自己的后脑勺一样不可思议。意识是永生的，没有生死的永恒存在的状态，回归觉知意识能量层面就是达到了永生不死，这就是觉醒对我们的重大意义，也是从古到今，历代觉醒的人不厌其烦，掰开揉碎告诉我们的惊天大秘密，给我们天大的礼物。

思维与意识的关系就像水滴与大海、电灯与电能、手机与信号，二者本质上是一体的，但当水滴的意识还停留在水滴的局限中时，它就无法知道自己和大海是一体的这个事实。真的应了“不识庐山真面目，只缘身在此山中”。身在其中，以至于极难辨别。

古代有一个老和尚牙疼，疼得哇哇叫。弟子问：“老和尚，你是高僧啊，牙疼的时候怎么也和我们一样哇哇叫啊？”老和尚捂着牙说：“我只有一点和你不一样，那就是我除了知道牙疼外，还知道有一个知道牙疼的那个‘知道’的存在。”那个“知道”就是永恒不变的觉知意识。

觉知意识不能被肉眼看到，但它作用于一切生命。正如外科医生用手术刀划开你的大脑也找不到你的情绪、思想，但你时刻能感觉到它的存在。你不可能以任何一个确定的位置定义它，因为它无处不在，一切都是它。说它是一个无形无相的东西，也是不得已的形容，因为它不是个东西，它是有能力变化出一切的那个性能。这个性能是形成天地的力量，即使天地毁灭，它也不会毁灭。它才是永恒的生命。

既然它无处不在，什么都是它，那么我们这副小小的肉体生命也必定是它。它在我们身体之中，我们不需要在身体之外再去寻找一个永恒的生命，只需要在此刻的生命中发现它。只要停下头脑的思维来看着这个世界，觉知就自动出现了，如同迷雾散去，背后的天空会自动显露出来。也如同一个水滴觉醒了，瞬间就可以回归大海。这就是与一体生命连接上了。

水滴回归大海的那一瞬间，它就觉醒了，它恍然大悟，此刻它才知道原来自己是那个永恒不变的一体生命，神通广大，无所不能。它会对过往的迷失感叹不值得和冤枉，如果早知道只需原地转身就可以回归大海，它一定早就这么做了，可叹一直被自己耽误着。

于是，这个水滴除了会把这个天大的好消息告诉其他水滴外，别的什么也不想做了，因为它已不在意之前身为水滴的所有欲望了，它深刻地知道了那些欲望都是头脑的把戏，没有任何实质，之所以放不下只是因为不知道真相。

现在天亮了，看清了一切，安心了。在安定的心中无比满足，什么也不想再做了，只想轻轻松松地活着。当它把这个天大的福利告诉其他水滴时，其他水滴依然不能相信，不肯回头，不肯放下水滴的小乐。就这样，继续错过了。

捞月亮的猴子

思维是意识迷失后的投影，二者是本体与影像、真实与虚幻的关系。如果没有意识，思维也不存在。

上小学时，有一篇《猴子捞月》的课文。内容讽刺的是一群首尾相连的挂在树上的猴子，要探到河里把月亮捞上来。大家都知道，河里根本就没有一个真实的月亮，只是天空的月亮投射到河里的倒影。尽管它和真的月亮一模一样，但也不能改变它是个冒牌货的事实。

觉知意识就是那个真实的月亮，而思维就是河里的影子月亮。猴子因为头脑思维的局限无法知道水中月亮是虚幻的影像，所以奋不顾身去捞取，有的还付出了猴命。我们也如此，我们把思维中的一切当真，和猴子把水里的月亮当真没有区别。没有人告诉猴子月亮是假的，正如没人告诉我们这个世界是假的。

思维是意识迷失后的虚幻现象，是水中的倒影，因为思维世界中的一切是坚实的物质成相，我们就误以为它是真实的。这种“真实”如同水中的月亮，从来没有存在过，只是我们因错觉以为它存在。这些话在没有认知基础的人听起来像是疯话，可从古到今觉醒的圣人都在不同时期、不同年代说出了同样的话，难道他们都是疯子吗？他们不为钱财，不为名气，为何要编造出这样一套人类几乎不能相信的真相，不厌其烦地“游说”后人？

古人虽然不会用电脑、高科技，但他们一定不比我们笨，我们遇到的困惑，他们早已遇到，并已经找到答案，已经从迷失中觉醒，并将真相道理集结成经典传给我们后人，旨在帮我们找到真正的自己。

各种典籍如同通往那个真月亮的指路牌，引导我们到达月亮，成为月亮。而我们又常常把这个指路牌当成了真月亮，抓住不放，这也就是教派之间的战争所在。

思维停止处

思维解决不了思维本身的问题，如同一个人永远无法举起坐在自己身下的椅子。自己的存在对自己本身就是限制。

在思维中找不到觉醒意识，就像在河里找不到真实的月亮。但它们又是那么相似，如果没有人告知，我们无法分别出水里月亮和天上月亮的真假。只有知道了真月亮，才能承认水里的月亮确实是假的，否则无论怎么在水里寻找分析，也找不到真月亮。

水里的假月亮就是我们的思维，假月亮的存在本身就是混淆遮蔽真月亮的最大障碍。如果想要知道真相，必须彻底调转方向，放弃水里的假月亮，回头看见天上的真月亮。

思维活动的本身就遮蔽了意识的出现。思维对觉知意识一无所知，但觉知意识的存在却不需要思维。思维只是觉知意识的一种功能，一个投影。比如，母亲的存在可以不依赖孩子，而孩子如果没有母亲将无法被出生。想要觉知意识显现，一定要停止思维活动。

思维的停止并不是无觉知，觉知是活的生命，是全知全能的，它不会因停止了思维就失去了感知能力。我们依然可以吃饭、睡觉、交友、工作，只是不再受思维支配了，头脑只会在使用它处理事情的时候才会被使用。头脑参与得越少，觉知意识的等级越高。

觉醒就是彻底从思维中跳出来，思维停止处就是觉知意识现前时。

不需要努力去寻找，只需要停止，就像雾霾散去，天空自然出现。回归到觉知意识就是进入了永恒，这个永恒的存在就是彻底从生死中解脱了。

解脱不是宗教专属名词，就如同解开绳索不是监狱专属名词。解脱是从思维认知中解脱，认出迷惑，走出迷惑，彻底没有烦恼痛苦地活着，永恒地活着。不为名利，不为欲望，不为意义地永恒地活着。

意识没有动过

觉知意识是永恒不变地存在着，不会因万物的变化而改变，它就是我们一直追求的永恒的生命。

古代印度有一个很老的国王，他来到恒河边，感叹自己的眼睛已经花了，再也回不到儿时在河边观河时的眼力。一旁的禅师点化他，你的眼睛虽然花了，但你能看到河的那个觉知与儿时是一样的，它不会随着年纪的增长和肉体的消失而消失，这个觉知意识没有衰老、没有生死。

觉知意识中没有东西，它从没有主观动念生过任何东西，没有出生，所以没有死亡，没有开始，所以没有结束，没有人类认知中的主观与客观，没有虚幻的妄动，只有随缘的显现。它如同镜子一般的存在，镜中本来没有万物，没有生出过万物，万物是因缘迷失造作产生的幻影。幻影可以显化在镜中，但它不是镜子本身，只是影子。影子只是依靠镜子的反射功能而存在，它本身是没有的。

虽然影子虚幻，但它是真实镜子的代言人。因为觉知意识无形无相，无法被看见，只有透过虚幻影子的显现才能证明它的存在。镜子被因缘启用的那一刻，影子与镜子合为一体，无二无别。影子就是镜子，镜子就是影子。但因我们已经知道了影子虚幻的本质，所以不会到镜子里去寻找真实的美女帅哥，之前因迷失而对美女帅哥产生的执着也不存在了。这就是了解真相后觉醒了的状态。

所有的典籍不厌其烦地分析真假、因缘、生死、维度，不是要我们做出非此即彼的选择，而是帮大家梳理看清万物虚幻这个事实，从而不再受因执着虚假带来的痛苦，并借此认出永恒觉知的存在。是在镜子中谈影子，在真实中谈虚幻，在醒来时说梦境。了解这一点非常重要，否则我们就错谬了经典教化的本义，又落入非此即彼的窠臼之中。

易如反掌又难如登天

觉醒的状态是极其简单而又深奥的，看似知晓又含糊不清，看似没有又可感知它的存在。从虚幻中觉醒，易如反掌又难如登天。说易如反掌，是因为当了知一切都是虚妄的时候，我们的心一下子踏实下来，就如同看穿了彩虹的虚幻后的那种明白的踏实，然后心灵不再有任何关于彩虹的得失与执着。这就是一种安住。说难如登天，是因为我们一直习惯乱动的头脑无法了解彩虹的虚幻，即便了解了，也很难劝说自己放下对虚幻彩虹的执着。

体会那个安住的状态，需要刻意地练习静心的方法，慢慢安住下来，才能体会到那个永恒的状态。安住不是等待，你不需要等待什么，因为你已经知道了没有任何一个真实的东西存在，更无法被等待。头脑中没有了妄想、分别、执着的当下，就是觉醒的状态。有的人会用喜悦和狂喜来形容，其实也没有喜悦和狂喜，它是心中没有任何烦恼的平静。那个平静中什么都有，也什么都没有。我们可以什么都参与，也可以什么都不参与，一切对于你来说都是永恒觉知布景下的皮影戏，可以上台演戏，也可以一旁看戏，没有丝毫执着。

过去和未来

意识不仅超越思维，也超越时空。时间、空间，过去、未来是思维里的观念，是人类因感知的局限而定义出来的。比如一只蚂蚁要从我们的手掌心爬行到指尖需要一分钟，但对于我们来说，手掌心和指尖是同时出现在眼前的，不需要时空即可看到。再比如，中国的白天，正是美国的黑夜，白天这个时空对于黑夜来讲是不存在的，反之亦然。蚂蚁因能力的局限导致时空出现，人类也以太阳月亮升起落下而定义出了时空。时空是因运动而产生的认知，而不是真的有一个真实的时空存在，它的本质也是虚幻的。不要说更高的维度，仅在四维世界里三维的时空就消失了，意识可以自由穿梭，信息可以无障碍交互。

我们日常的思维不是思索过去就是在计划未来，并根据这个过去和未来决定着当下的行为。过去的已经过去，未来的还没有到来，我们从来没有真实活在当下。我们所谓的活在当下，只不过是活在“思索过去和未来”的一套头脑游戏之中。我们活着的过程只是经历自己由思维、时空导致的成见、偏见、邪见而已。

对时空的认知，使我们从未体会过当下无分别的宁静状态。我们的每一个念头都被这些认知死死占据了，使得我们不知道当下是什么。过去和未来的观念在头脑中消失，我们才有可能有机会了知其他维度的存在。而所有维度也都与三维一样，都是幻境，都没有实质。

从梦中醒来

认识到生命是一场梦，对我们至关重要。人人都在口头上说人生如梦，在心里却都当作真实去抓取。我们认为睡着的时候做梦，睡醒了，睁开眼睛看到的世界是真实的，可真相是，起床后的世界与睡觉做的梦都是虚幻。

还有一个从这两个梦境中彻底醒来的意识状态，就是觉醒的状态。我们从来不知道那个状态的存在，更没有体会那种觉醒是什么感受和滋味。要相信一个从未经历过的状态和感受是很难的，这需要一定的认知基础与福报善根。

当我第一次听到这些话的时候，被深深地震撼甚至被击碎了。那道真相之光无情而刺眼，如果我愿意相信这些理论，我将无处藏身，赤裸裸地暴露在一片未知中。此生的存在与价值，连同自己本身全部变成无意义的梦境，并且那个真实的觉醒状态居然在我此刻自己的意识中。我完全懵了，进退维谷。我在排斥和不适应的同时又被深深地吸引。我认可这些真理但又没有勇气放下过往的认知，我被卡在中间。我试图逃避，把书扔掉，也的确扔了几次，但仍鼓起勇气捡回来。我隐约感觉到自己或许真的被欺骗了，或许我与生命真的是一场无论怎么努力都将最终徒劳的梦境游戏。我的后背一阵阵地惊出冷汗。

我的身份是演员，知道戏是假的，却把生活当真了。原来这个世界正如我们拍戏时的场景，亲朋好友正是戏里的演员，彼此之间的恩怨情仇、名闻利养正是剧本故事情境。因为我们不了解世界的本质是一场梦，所以每时每刻都在较真，折磨自己也折磨他人。

觉醒是一种内在的意识反应过来了，醒了。牛顿看见苹果落地而发现了地心引力，而我们在苹果树下被苹果砸死也不会反转惯性思考。如果我们真的热爱自己的生命，觉醒是唯一真正的善待生命的路。我们要用沉睡的大脑唤醒沉睡的大脑，用深刻的认知对抗动物的本能，用想结束痛苦的渴望来追求觉醒。

我们要用此生修一条通往觉醒、跨越死亡的桥，用短暂的生命来换取永恒的觉醒，这才是我们来到这个世界上最大的意义。和这永恒利益相比，金钱，名利，如同钻石旁的一个生锈的螺丝帽，暗无颜色，价值全无。

有人会说我没有什么烦恼，也不需要特别学习什么觉醒。漫不经心也是一种无知。不觉醒的人生就如同一场惩罚，醒过来，人生每一件事情都是好事。人之所以平庸，在于无法超越自己。

生命只有一件事值得做，那就是觉醒，回归到自己如大海般不生不灭的本性，摆脱生老病死的折磨。一息不来，万般皆空，而我们已经在糊涂中混掉了一生。如果我们还把这个世界的一切当真，我们的意识就还没有醒来，就还在睡眠中，还在梦中。

觉醒在此处

对这个世界的本质看清楚以后，解脱几乎是一件必然到来的事情。就像你已经对自己的病症辨证清楚，剩下的就是开药方。而这个药方不需要求人，完全掌握在我们自己手里。

可是渴望觉醒的我们又陷入了新的迷茫，我们不知道觉醒在哪里？怎么在意识之中识别出它？过来人常说觉醒就在此刻，转念即是，我们似懂非懂：转念，往哪儿转？怎么转？它在哪儿？

觉醒是一种明白，这种明白不是半明半暗的明白，也不是对局部的明白，而是一种对宇宙人生真相的彻底的明白，是彻底跳出头脑思维的觉知状态。如同你被一个大变活人的魔术欺骗了很久，今天突然走到后台看到了魔术的真相，你瞬间豁然开朗。彻底明白了魔术的真相，知道了大家是如何被骗的，此刻你从魔术中醒了。你平时学习的关于魔术的所有理论和概念都与此刻的明白没有任何关系了，这份明白不在任何理论之中，它就是这样真实地在你的意识之中发生了。此后，魔术师在台前的任何把戏都不能再欺骗你了，无论谁再来游说你，你都不会再上当。

这份觉醒的明白，它无形无相，你无法用一个具体的事情定义它。当你向别人描述它时，只能运用各种类比，而无法把那个明白的感受直接传输给他。有一位老师在给生活在赤道的学生们讲什么是雪。老师说雪是纯白色的东西，学生就猜雪像盐；老师又说雪有点粗粗的颗粒，学生们又猜像沙子；老师说雪是冷的东西，学生们猜雪像冰淇淋。人很难真的了解自己经验之外的东西，很多明白是无法在概念中获得的。如果我们太依赖概念，心灵的灵性会被限制。概念是理性的头脑，而感受是来自感性的体会。无论我们怎样描述，都只是试图接近它而已，但都不是它。只有同样明白了的人，才能了解明白是什么，只有亲身感受过雪的人才真的知道雪是什么，只有干净过的人才知道干净的境界，觉醒的人才能懂得什么是真实和永恒的生命。

觉醒不在未来，就在此刻思维停止处。觉醒不在思维之内，而在跳出思维的那一刻。停止不是去除，去除是彻底消灭，而我们无法把思维从觉知意识中去除，就如同无法把水滴从大海中去除。有大海就会有水滴，水滴和大海本是一体。这里停止的含义是跳出，是转换，是反转。水滴只要翻回头回归大海即可，无须去除什么。关于这点，禅宗永嘉大师也有描述：“绝学无为闲道人，不除妄想不求真。梦里明明有六趣，觉后空空无大千。”意思就是没有一个虚幻的东西要被去除，也没有一个假之外的真，假的就在真之中，假是真的影子，二者不是非此即彼的存在，二者本来一体，转念就是。所以，觉醒是瞬间到来的，不需要时间，只在当下的刹那间。正如当我们看穿魔术的一刹那，只需要打开一个角度，一个前所未有的角度，彻底反转，不需要去任何地方，不需要未来的时间，当下就可以发生。

我们与生俱来就是觉醒的，只是一直被迷惑的假象遮蔽着。遮蔽去除了，盲区没有了，觉知意识立刻就呈现出来了，觉醒马上就可以触及。我们一直醒着，只是自己不知道而已。或许蒙在鼓里的人会觉得你在说谎，或者你精神不正常，但觉醒后的你，不再会被任何误解和嘲笑激怒，你不会再把任何东西和自我联系在一起，因为你知道没有自我，自我只是头脑中的幻影。

在觉醒半路上也是“尸横遍野”的，他们都是起初被觉醒的渴望点燃，然后奋不顾身上路，但中间又因种种原因而放弃了。真的想要觉醒，有时甚至需要九死一生的勇气和决心才能走到终点。这期间，会穿过无数受欲望牵引的关口，经历独自与信仰对话的暗夜，一次次战胜自我的惯性习气，一次次地破茧成蝶。

觉醒是世界上最短，也是最漫长的路，最简单，也最难的路。难易都在于你怎么想，怎么做。刹那即是永恒，因为觉醒已经在你那里了。

觉醒不需要时间

觉醒就在当下，不需要时间。有人会说，我们练习觉醒都需要时间啊，怎么能说不需要时间呢？我想我们误解了“当下”，把“当下”误解成了时间概念。“当下”是一种状态，是一种跳出思维妄想但同时觉知一切的状态，而不是时间范畴的概念。

我们总是认为觉醒不会在此刻发生，而会在未来。这是极大的误区。“此刻的当下”的觉醒状态与“未来的当下”的觉醒状态都是一样的，都百分之百地存在着，随时都在线，随时可以被开启，它不受困于时间，它与时间没有任何关系。觉醒的状态圆满地存在于每一个当下。

即便把当下看成是时间的概念，未来的当下也只能发生在未来的那个当下，而不是此刻的头脑中。此刻头脑中那个“未来的当下”是头脑中的概念，我们把这个概念错当成了此刻真实的当下。我们一直用此刻的当下来幻想未来的那个当下，而错过了此刻圆满存在的觉醒。这种幻想不是活在当下，是对活在当下的幻想。

如果我们认为觉醒在未来而不是此刻，那么将永远不会觉醒。“当下不能觉醒”是个错误的认知。此刻的当下，和未来的当下同样百分百地具足觉醒的可能。我们必须知道，每一个当下都是觉醒的时机。必须带着这个正确的知见去练习，而不是在错误的认知里练习。不能把当下看作是一种等待，要把当下看作即刻可以觉醒的时机。但这并不代表你当下就可以醒来，因为我们迷失太久，心灵还没有刹那回归的力量，我们可以通过一次次跳出头脑的练习来增长功夫。但前提是“当下即可觉醒”的认知一定要正确，否则永远不会觉醒。

觉醒是一瞬间的意识转换，它不需要时间。我们随时可以觉醒。比如，一个在床上睡觉的人被叫醒了，他是在当下的这个瞬间醒来的。在此刻，在原地，醒来了，而不是在明天或者未来的某一天。我们有无数个可以觉醒的当下，每一个刹那都是。我们无须等待，只需要在此刻的当下全然地相信和训练、体悟。

被头脑遮蔽的真实

我们所谓的活在当下其实不是活在当下，而是活在当下的头脑中。我们此刻看似在活着，在吃饭、上班、健身，可头脑不是在思考过去就是在盘算未来，我们并没有真正地和饭菜、亲人在一起，并没有真正地全然地体会过食物，并没有不带着过去成见地看待亲人。我们生活在这个世界上，但并没有与真实在一起，而只是一次次地和自己头脑中的想法在一起。真实的世界一直被头脑遮蔽着。

头脑的基本面向是为自我服务，偶有利他，但不长久，除非已经无我。为自己服务的头脑的本事特别大，我们都低估了头脑的能力，它小到可以杀死自己，大到可以毁灭世界。头脑是一个假我，它构建了一个虚假的自我概念，在其中称王称霸。它是个冒牌货，是个自私鬼、自大狂，它聪明之极，善用诡辩、自欺给自己洗脑。它善于制造迷惑，害怕被揭穿，所有的目的都是要保住自己的利益与优越感。它排斥所有不符合自己利益的事实，为了自保，不惜任何代价。头脑不想清醒，不想尊重接纳事实，只想任性地予取予求，满足贪婪的自我。这个头脑一边在为自我服务一边折磨着自我，仿佛一个大魔头控制它的子民一样控制着我们的生命。我们每个人都困在自己的头脑之中无力自拔。

为自我服务的头脑不尊重真实，不愿意接纳事物本来的样子，认为事情不应该这样，认为眼前的人不应如此对待我们，老天爷应该对我们更好。头脑非常讨厌真实，因为真实往往与它的私利冲突。真实没有好坏，只是发生着，存在着，它所呈现的一切都是它此刻该呈现的。爱人的坏脾气、同事之间的阳奉阴违、亲人的离世、生意的破产，这些都是我们不喜欢的，但这并不代表它们不应该存在。它们的存在是有其必然性，它们只是在自己的轨道上正常地发生着，不是为了某个人服务的。可我们却认为凡事只要不符合我们的喜好，它们的存在就是一种错误。这种对抗仿佛是在与宇宙拔河，还一定要赢，这是多么大的妄想与迷失。

头脑深陷不切实际的幻想之中，不想尊重事实，只想事情按照自己喜欢的样子发生，如果可能，最好地球围着自己转。但遗憾的是，我们不喜欢，不代表不存在。不喜欢、不接纳、不承认的对抗，使我们再也看不见这件事情背后的必然规律与真相，陷入非得改变它们不可的执着。我们的痛苦来自头脑，而不是这件事情本身。头脑只是一套偏见逻辑的游戏，我们在其中一次次失败，又一局接着一局地玩。

尊重、接纳真实，才能最终放过自己。当我们开始接纳事情如其所是地发生时，我们才发现之前自己主观的强求非常可笑、荒谬。我们在它上面投射的怨恨、愤怒、仇恨、纠结都是自己折磨自己，根本左右干扰不了事情发生的轨道。从事实来讲，发生的真实与我们没有必然的链接关系，是我们的执着使我们和它杠上了。比如，一个人在无礼地愤怒辱骂我们，这个愤怒是他的认识、习惯、文化程度的综合结果，他只是在过活着他认知下的生命，与我们对他做了什么没有必然关联。如果我们能在此时切断自我与事实的联系，那么痛苦马上就可以消失。

我们看似是在与事实对抗，其实本质是在与自己的想法对抗。如果脑中没有那个令我们痛苦的想法，也就没有了对抗。伤害我们的不是这件事本身，而是我们对它的想法。我们的敌人不是事实，而是自己的头脑。如果我们脑中没有执着和偏见，任何事物都伤害不到我们，哪怕是泰山崩于前。我们的脑袋是这个世界上最大最惨烈的战场，我们不仅和自己的想法斗争，还拉上与之相关的一切人和事陪战。我们自己的头脑和别人的头脑搅和在一起展开混战，歇斯底里，遍体鳞伤。

或许，我们会想，尊重可能会纵容不自觉的人的恶习，所以我们还是要干涉，令他们改变，因为这是为他们好。这里的尊重不是社会流行的虚假和礼貌的尊重，而是承认事实发生的逻辑与必然到来的结果，呈现在我们眼前的正是那个结果。这个尊重的本质是明了一切该发生的必然性，而不是怨恨它不应该如此发生。尊重不是纵容，是宽容。

识别出头脑对我们的伤害至关重要，仿佛抓住了一直悄悄偷走生命的贼，堵住一直偷偷漏水的洞。我们不会再被它白白地消耗，我们从头脑的强迫、强求中释放了。我们之前被头脑消耗的能量都可以用来活在当下，欣赏、享受世界的美妙而丰盛，那时世界如同奇迹一般在眼前呈现。一只嗡嗡叫的蚊子，一朵枯萎的小花，一个方便生活的高科技产品，样样都如奇迹般地展示在眼前。

我们会感叹，原来我们一直在错过生命，我们不再挑剔、强求任何事物非得按照自己的喜好发生，对任何事情都不再有意见、好恶、评价、定义、概念。此刻，自我已经彻底被拆穿、瓦解，但觉知依然存在。我们活在了纯然的永恒的觉知之中，我们终于可以开始享受生命。

活在当下的真实中

“活在当下”是一种跳出头脑思维的同时可以感知一切的觉醒状态，没有成见、分别、好恶，没有自我的意见与评判，没有人为的造作，纯然地看着一切的发生，接纳一切如其所是的样子，清醒地没有痛苦地活着。这个时刻我们才活在了真实中，而不是活在头脑虚幻的妄想之中。

实际上，我们只能是活在当下，因为生命所有的一切，只发生在当下，其他的都是头脑的幻想。我们所有的最真实的感受只能在当下一刻被发生、被经历、被过活。此刻我们正在喝一杯咖啡，打一场精彩的电子游戏，亲吻可爱的孩子，这些都只能发生在当下这一刻，而不是在头脑之中想象。我们真实地喝到了咖啡、赢了游戏、感受到了孩子的体温，这一切都真实地发生着。只要我们不加入头脑的评判，一切都是那么美好而真实。可是当我们开始挑剔咖啡的味道、游戏的好坏、孩子是否听话，我们就进入了头脑体系，这一切就瞬间变了形。我们开始想尽办法把眼前的一切弄成自己喜欢的样子，稍有差池都令我们痛苦不已。而此刻我们的对手也正在执着地把我们变成他喜欢的样子，于是战争、噩梦开始了。人类头脑的执着千百万年都没有变过，重复上演着同一套逻辑下的剧情罢了。

活在当下是一个非常不容易做到的状态。我们要无数次练习从头脑惯性中跳出来，这个跳出来需要坚实的底层认知来支撑。没有积累很难达到理解，没有理解很难坚持觉醒的练习。它也绝不是听起来那么超脱和美好，有时甚至是地狱般的恐怖与难熬。比如当我们受到贬低和侮辱的时候，遭遇爱人背叛的时候，事业失意的时候，头脑会以毫秒必争的速度启动惯性思维，把我们丢进痛苦和对抗之中。我们根本来不及想到觉醒、活在当下这回事，我们无论如何都无法摆脱头脑的惯性控制。

我们的觉知必须发生在头脑之前才行。在冲突的当下，我们能及时想起“活在当下”这件事，马上给头脑拉闸才行。然后如其所是地尊重、承认此刻发生的一切，不再造作地想改变它们，不再被之前所有的标签激怒，这时你会发现痛苦居然瞬间消失了。我们不但没有失去什么，反而能有更好的情绪和智慧去处理事情，从而获得意想不到的惊喜。这一刻无比珍贵，比那件事情本身带来的成功更加珍贵。

活在当下，分别心是停止运作的，只是单纯地承认、接纳即可。只要是带着任何一丝丝的知识去评价它，就已经走出了觉醒，走进了头脑。我们看见壮美的峡谷、漂亮的异性、精美的珠宝，这些都给了我们美的感觉。但当我们开始用头脑思考分析的时候，美就瞬间不见了。我们会觉得风景不够美丽、游客不够自律、照片拍摄角度不够理想，此刻，我们就不是在享受生命而是在消耗生命。

全然地体会美的一刹那是忘记了头脑的，尽管很短暂，但那个时刻是完全没有评判、欲望的，没有“我”的头脑活动，也没有因这个

“我”而衍生出来如细菌一般的问题，我们一下子从头脑中跳脱出来，无杂念，无我念，无任何分别念，最自然而然地存在于那个当下。那个觉知意识纯然现前，“不垢不净，不增不减，不生不灭”“不管你爱不爱它，它就在这里，不来不去，不迎不拒”。

大家也许会说，觉醒了又怎样？我们不还是要面对房贷、水电费、情绪及剪不断理还乱的亲密关系？是的，既然活在这个世间，就要遵守尊重这个世间的游戏规则。但遵循并不代表执着和深陷，随着对“活在当下”的练习，我们对事物的感受及得出的结论会与之前有所不同，以至于最后会有一天完全不同。我们的心越来越松弛、纯净、安静、平等。我们会越来越多地看见情绪、知识、记忆、经验虚幻的样子，越来越觉得它们不是真的，越来越没有情绪。之前那些让你起急，纠结，甚至难以割舍的东西，在你眼里越来越不再神秘、特殊、难以企及、非得到不可，你甚至可以与它调侃或游戏。你的心理空间会增大，会感觉到心灵越来越自由。从小处讲，快乐过活一生；从大处讲，脱离生死。

当我们带着解脱的目的，所经历的一切就变成了提升自己的功课和玩乐的游戏，而不是为了继续执着。放下的当下就是快乐，就是解脱，不是放下之后再去追求快乐。放下几分就快乐几分，执着什么就痛苦什么。学习这些道理，是为了得到实际的好处，为了打开生命的局限，为了放下有限而进入无限，放下小我得到大我，放下暂时得到永恒。当内心什么都放下了，才是开始真正拥有一切的时候。

解除和他人的纠缠

如果你对他人对待你的态度有所期待，那么你就是和他人纠缠在一起了。期待别人能如你喜欢的方式爱你，能懂得你的心，给予你想要的物质，给予你足够的重视，等等，这些看似正常的要求，都是纠缠的开始。

我们一生都在这种期待和失望之中度过。有些人会因为他人一个怠慢的动作和轻慢的眼神而大发雷霆，仿佛地震一般。我们总是怪别人伤害了我们，从来没有认清是自己的期待伤害了自己。

林黛玉期待自己在贾宝玉心中能永远有一个特殊的位置而抑郁终生，明星为了持续在粉丝心中的位置而处心积虑，亲人之间也同样彼此执着。我们这一生起码要与至少一两个人或几件事纠缠。男人的主题是成功、面子，女人是爱情、孩子，老人是儿孙和钱财。早上醒来，脑中的所有念头都是围绕着这几个人几件事，头脑如同一个自动循环的复读机，喋喋不休，连绵不断，有时甚至会被一个环境、一种味道刺激得浮想联翩。这些思想活动被封闭在头脑中看不见，但如果把这些都用嘴说出来，我们一定像一个十足的精神病。

其实，我们每个人或多或少地都是神经病。即便生活风平浪静，也总要找出点什么事来担心，仿佛不担心点什么生活就不正常，遇到点什么事情则更是整夜盘算睡不着，没有一刻停歇。其实恐惧与事情本身没有什么关系，恐惧有时是安慰恐惧的一种手段。实际上，我们担心恐惧的失去 99% 都不会发生，都是杞人忧天。

人天生对负面敏感，记住的几乎都是负面的东西，对于亲人的一句话可以记恨终生，一段不愉快的记忆终生不能释怀。凡事靠得太近就容易钻牛角尖，同样的问题发生在别人身上我们完全不在乎，甚至可以轻易地给予理解，但发生在亲人身上就被放大成怨怼和仇恨。一个年过半百的孩子或许见到母亲还会发抖，一个被爱情伤过的人看到他人幸福的画面会自艾自怜，一个一直被父母否定的孩子会终生自卑。最亲的人会成为这个世界最伤害我们的人，这种纠缠生生世世。

所有与他人的纠缠都源于自我放弃，把自己想不明白、承担不了的事情和责任甩给别人。我们这一生都在寻找依靠，小时候靠父母，长大靠爱人，老了靠孩子，仿佛只有依靠点什么人生才完整。我们一旦找到亲密关系，就恨不得一股脑把自己的前世今生都交付给他。其实，对方的内心跟我们一样在等待被疗愈。两个内心都缺失的人，如何能疗愈对方？我们自己都不想对自己负责，反而要求别人对自己负责，这本质上是一种剥削。

亲人是否对我们好，不是来自我们对他的要求，而是来自他们的觉悟境界，他们不会因我们的要求而持续改变。收回在别人身上的能量投射，收回期望，收回祈求，尊重、接纳事实的发生，切断头脑的造作，回来观察自己，在自己的心里解决问题，好过苦苦让别人改变。这是一劳永逸的明智之举。

每个人必须练习减少对亲人的成见和执着。不要把亲人看成自己的私有财产，不要认为亲人理所应当地该对我们负责。亲人也是人，也是有缺陷的人，正如我们自己有缺陷一样。我们要反复练习从受伤的情绪中走出来，不要把这种伤害看得太过严重，也不要把责任都推给亲人。我们是成年人，应该锻炼出原谅和包容的心态，不再以受伤者的心态去定义自己和控诉他人，这是对自己的慈悲和包容。

宽恕的意思是宽容别人，饶恕自己。我们不能宽容别人，就等同于不放过自己。宽容可以止血，理解可以疗伤，了解才能化解。而我们最不了解的不是别人，而是自己。我们必须学习了解自己，真正地拥有独立的精神，自己的问题不解决，和谁在一起都不会幸福。

慢慢练习在父母否定批评我们的时候觉察自己心中的怨恨，理解他们的固执与教条，把对抗换成沉默与微笑。一旦有这种心态，渐渐会发现，即便去做自己不认同的事也不会烦恼，因为我们已经把一直拴在对方身上的关注收回来了，收回到它本该在的位置，那就是自己的觉知之中。

回收的力量大于释放的力量，接纳的力量大于对抗的力量。接纳不是没有原则，不是懦弱的认怂，而是把输赢、尊严放下后的超越。我们尊重、承认所有事实的发生，事实比头脑更接近真相。接纳是解除纠缠的最短路径，不需要花费任何金钱，只需要一点点智慧和勇气。

训练精神肌肉

修行就是训练自己的心的力量。觉醒的心是最有力量的，它可以帮我们了却生生世世的烦恼和恐惧。一颗没有经过训练的心充满紧张、恐惧、纠结，丝毫没有能力抵抗外界的痛苦。我们不仅要健身，还要锻炼精神肌肉，让精神健美而强大。

修行的含义是修正自己的行为，就像把自己放在手术台上，清清楚楚地剖析自己，由粗到细，直至没有，再到重生。

在方向目标明确后，我们需要来一次真的行动。可以尝试着开始用觉醒的认知来训练自己，睁大眼睛看着眼前的一切，不对它们下任何评论，停止头脑中的所有概念，乃至不用人类的认知来定义它们。不定义眼前的这个圆圆的东西叫作盘子，远处传来的声音是鸟叫，心中的爱人是多么特别，一切不定义，然后，安住下来，看看会发生什么。

这时你才发现，原来让头脑停下来是这个世界上最难的事情，比破解一道高等数学题还要难上千万倍。我们几乎没有能力在高速旋转的头脑中插进一个针尖儿。这种不适应会让我们很快想逃离，再次回到熟悉的纷乱中，这就是我们半途而废的原因。我们已经动习惯了，不知道静是什么，我们没有过静下来的经验。头脑认为静下来就是死了，所以很害怕。这种训练几乎是反本能的训练，但不是不可能，只需要带着信心坚持。

把训练回到觉知这件事，当作吃饭、喝水、呼吸一样须臾不离，时时刻刻提醒自己回到觉知中。那种专注如同一只守在老鼠洞口的猫，时刻盯住洞口一秒都不眨眼。随着功力的增长，安静的力量会增加，渐渐地头脑不再起作用。头脑在启用时就变成了应付社会和生活的工具，用过就放下了，再回到真实的觉知中。

随着练习，觉知力越来越强，头脑的分别越来越少，以至于再也起不来分别心。你的爱人过来劈头盖脸地骂你一顿，你不会再像之前一样把她的言语定义为辱骂，反而觉得受头脑鼓动下愤怒的妻子有些可爱。面对妻子，你此刻的头脑空掉了，不再有任何人类的分别、妄想、执着，而且天并没有因你的头脑空掉了而塌下来；相反，你感受到了脱离头脑控制的轻松和喜悦。

我们眼前的世界和之前一样在运作着，但我们的内在却地震了。外边我们没有变化，但内在已经不再是之前的自己了。我们的意识实现了转换，从虚幻的梦境之中转换到了真实的觉知之中。此刻，你眼中的世界无比清净、美好，你甚至会不由自主地掉下眼泪，那是纯净、喜悦、感恩、美好的眼泪。此刻，你已经初尝了觉醒的滋味。

为了达成觉醒、解脱的目的，我们可能要吃一点苦头。有个人在当国王的时候，过着极为奢华挑剔的生活，从来不能忍受任何一点不舒服，即使在他十八层的绸缎床单下有一粒绿豆，他都能感觉到。后来他失去了王位沦为乞丐，不得不到山上砍柴维持生计。因为买不起衣服，他只能整日光着膀子，渐渐地，他也并不觉得苦，完全能够接

受这种之前能令他疯掉的痛苦。

训练自己也是这样一个过程，苦难没有那么坚固，它可以随着我们功夫的增加而松动软化，以至于彻底瓦解。为了最终的解脱，我们忍受些不舒服是值得的。

这种练习也像从金矿里提炼金子。我们用时间和毅力提炼出金子，它就再也回不到矿石的原始状态，它的质量已经被升华改变了。我们的原始生命都是金子，不是石头。滴水石穿，不是力量而是功夫，功夫到了才有力量。

跟着心回家

意识觉醒的人心中没有痛苦和快乐的定义，痛苦快乐都是迷失的心制造出来的，本来没有。醒过来的意识不再受头脑思维的支配，不再是思维的奴隶，从今以后你再也不受头脑的气了，它已经沦为你在人间处理问题的工具。那些之前视为生命的自尊、价值、面子、财富都已经成了剧本杀一般的游戏，你可以玩，也可以旁观。

自由就是心灵没有任何挂碍的一种状态，是超越所有分别的存在。觉醒后我们不执着于任何一种事物，任何一个环境，心里没有任何负担，因为我们不想从中得到任何利益，也不会担心失去任何东西。你已深知，这世上我们不可能真正拥有什么，除了永恒的生命。这个状态的心灵就是自由解脱，如果我们能一生都在这个境界中，我们的生命就得到了彻底的解脱。

我们活得都太用力了，追求解脱也很用力。解脱是一个非常简单的状态，丝毫不用费力气。只要停止头脑的运作即是了，然后持续安住在那份宁静之中就是了。每个人都有这个瞬间，但因我们完全不认识它而错过。迷失的人不是罪人、不是坏人，只是走失的孩子，有的离家近，有的离家远，只要受到正确的指引，就会自己回家。因为家的认知始终在我们心里，家永远在那里等着我们回归。

改变心而不是改变世界

在西敏寺教堂里，有一个很有名的墓碑。它的特别在于上面刻的碑文："我小时候的梦想是改变世界。等我长大一些，我发现改变世界是件不可能的事情，然后我就想改变命运。又过一段时间，我发现命运里很多事情都是早已注定的，很难被改变。于是，我又想改变我的家人。经过一段时间，我发现虽然他们是我的亲人，但我也改变不了他们。现在，我快要死去了，我想明白了，我要改变我自己，但是已经来不及了。如果我能在最开始的时候就明白这个道理，我一定会比现在活得幸福。"

人能够征服世界，却往往超越不了自己。我们可以统率千军万马，但却管理不了自己的情绪。人不是要成为世界的主宰，而是要成为心灵的主人。

人类有个通病就是爱修理、改变别人，把对方修理成自己顺眼的样子。我们总是不自觉地找个修理对象，去挑剔，不管它是多么完美，我们总会找出修理它的理由，并且从不认为这有什么不对。

美国有一个战无不胜的将军，他在士兵心中有极高的威望。一天，他检阅士兵着装时，看到军容整齐，脸上露出欣慰的表情。这时，他突然发现一个士兵的风纪扣没有扣好，他径直走到士兵面前说："我命令你现在把风纪扣扣好。"士兵胆怯地说："现在吗？"将军说："是的，立刻。”士兵哆哆嗦嗦地把手伸向将军的衣领，把他开了的风纪扣扣好。

一个百万富翁患了严重的眼疾，怎么都治不好。于是，他找到一位禅师为他看病，禅师诊断后说：“你这段时间只能看绿色，千万不要看别的颜色，你的病就会慢慢好起来。”回家后，富翁就让手下用染料把周围的一切都涂成绿色。几日后，禅师来探望，富翁立即要手下拿一桶绿色染料，将禅师的衣服染成绿色。禅师说：“其实你不必大费周章，你只需要买一副绿色的眼镜就解决了。”

我们总是想通过改变别人来解决问题，而不是改变自己。常看到别人问题的人，自己就是最有问题的人。过分挑剔别人的人，首先忽略的就是自己的缺点，喜欢在修理别人时获得的掌控感、优越感。

管别人比管自己来得简单且舒服，我们总是爱管别人的事，关心别人的事超过关心自己的事。这个邻居从哪儿又发了一笔横财，那个明星又离婚了，爱人乱扔臭袜子的习惯还没改，等等。毕竟，改变自己是这个世界上最难的事。有人说，人为了逃避改变自己，而愿意做任何事。

改变不是换工作、换伴侣、换同事，而是要改变看待他们的眼光和角度，放下成见与脾气。这个改变需要很多的经历与感悟。我初到北京的时候，为了节省打车的钱，有时候会坐公共汽车。有几次在公交车上，被挤在看着平庸的人群中，我觉得自己也非常平庸，没有丝毫优越感，心里很不是滋味。经过这些年的努力，我早已有了自己的车，不用再挤公交车了，但是现在反而经常选择乘坐公交车和地铁。如今，坐在上边完全没有了当年的委屈，内心非常平静、喜乐。公交车还是公交车，可我的心态变了。我想，不是因为我今天比过去富有，比过去成功，或许是因为我的经历让我懂得了些生命的意义。

内心有力量的人不会挑剔外在环境，不公与无礼不会激怒他，他内心已经拥有慈悲的力量。力量源自提升和改变。

概念制造痛苦

我们被妈妈生出来，头脑开始建立各种认知概念。上学后又在老师的教育下学会了各种知识，脑中的概念越来越多，越来越像一个合格的人。当我们投入社会时，我们依据这些认知概念去做人做事。

知识是有标准的，但运用知识的人性却千差万别。在长大的过程中，在这些知识概念的基础之上，我们的人性又衍生出不同程度的傲慢与偏见。我们太容易有偏见、成见、邪见，世界上的冲突都是傲慢与偏见之间的冲突。

我曾经有一个以吝啬出名的英文家教老师，一次我在她家上课时突然发烧，她好心地拿出几个药片让我吃下。我很感谢，顺嘴说了句："这个感冒药天天做广告，药店卖得挺贵的。"这位老师脸色瞬间大变："很贵？我医保开的药，不知道多少钱。这个药很贵吗？"之后，整个上课过程都摔摔打打地瞪着我，最后我把药钱给了她，她欣然收下。

施舍几个不值钱的药片对她来说不痛苦，但当知道这个药片值钱的瞬间，她的痛苦产生了。完全是她脑中值钱或不值钱的概念让她痛苦了。同样，香喷喷的饭菜从厨房里端出来，我们会觉得十分好吃，从厕所端出来就会觉得有些恶心。饭菜的味道是相同的，但我们的偏见却定义出了不同的味道。很多时尚杂志的封面都是选择最美丽的模特戴上名贵的珠宝，因为在人的概念中戴在骷髅头上的珠宝和丑女身上的衣服一定不好。

爱情也是最大的偏见喜好。有一个男子睡在火车的卧铺车厢，半夜，朦胧月光中上来一位长发美女，正是男人喜欢的类型，于是，整个晚上他都在胡思乱想。第二天早上起来，看见那折磨了他一夜的“女人”竟然是一个留着长发的男人。于是，那头秀发在他眼里瞬间不再迷人。我们常被脑中习得的概念搞得倍感幸福或备受折磨。

人类的纠结和痛苦，几乎都来自集体无意识的既定概念。有钱有地位叫作成功，破产贫穷等于失败。成功和富翁都是自我和社会构建起来的一个有点像阴谋的概念。当我们对这个概念深信不疑时，就无法接受这个概念的倒塌，再也接受不了失败、贫穷的概念。富翁破产后自杀不是被财富、失败害死的，而是被“失败、破产”的概念害死的，或者说是被“光辉、成功、伟大”的概念逼死的。所有的灾难都是因为他相信了这套概念。

我们假设一下，这个商人在跳河自杀之前，救起了一个不慎落水的孩子，瞬间被大家认定为见义勇为的英雄，没有人知道他是个因破产而准备自杀的人，因为只有“不怕死”的人才有勇气跳进那么湍急的河水。同样是一个人，瞬间被两种截然不同的身份概念定义了，请问他是应该继续自杀，还是应该为了英雄的光荣而继续活着？

偏见都是个人的，也是相对的，没有绝对，任何一个概念都会在对立面中被彻底消弭。那么，我们起初被这些概念折磨得欲生欲死，是否就显得有些可笑和不值得？

不管这些概念带来的是痛苦还是纠结，我们从来没有怀疑过它们。在我们的概念里，这是不可能被怀疑的。如果怀疑这些的正确性、可靠性，那就等于怀疑我们自己是人类。我们不再去重新思考那些已经形成的概念，我们只是不断增加掌握概念的技巧罢了。

知识概念如同无懈可击的说明书，我们都按图索骥，却忽略了自己内心的感受。知识概念如果不能活化心灵，不能扭转人性的缺陷，它就只能是工具，与生命没有关系，生命情感的问题依然无法解决。这就是为什么很多学者都是教条主义者，那么容易用道理刻薄地要求他人。他们始终活在刻板的概念中，用这些概念丈量着世界、人心，在各种概念中来回对比，什么都能说得头头是道，什么都懂，就是不懂人性，没有同情与慈悲。

我有一个知识分子朋友，他意识到自己缺乏同情心，想刻意训练自己。当他看到路边乞丐的时候，他认为自己应该同情他们，但是内心有一个更强烈的认知，认为乞丐沦落到如此地步是自作自受的结果，不应该被同情。这位朋友就是用道理逻辑替代了对人感同身受的理解与体恤。这样的人离生命的真相越来越远，离自我越来越远。

知识渊博的人和小商贩一样，都会在人际关系或亲密关系上有相同的问题；资深的心理学家，自己有可能就是一个心理疾病患者；一个深谙法律的律师，自己有可能成为杀人犯。他们掌握的知识概念不能修正自己人性的盲区，人性的根本问题没有被解决。知识概念最终必须服务于心灵，沉淀为人格，否则都是短命而错谬的。

我有多重要就有多痛苦

每个小我都是一座牢笼，小我就是永无休止的无意识的头脑思维。无意识就是我们对自己行为背后的动机以及成因不清楚，所以只能陷入本能的条件反射。

小我极其诡谲聪明，一切的出发点都是为自己的利益服务。它最自我，喜欢自我保护，不喜欢被揭穿，被看透。

小我不愿向内自我提升，只想向外索取来满足原罪。它故意不想搞清楚很多问题，想躲在其中投机取巧。不愿舍弃欲望又不想涅槃重生，于是，狡猾的头脑又生出了逃避的计策。在逃避中，小我得过且过继续迷失。看清楚小我中的原罪是件非常恐怖的事，如同眼睁睁地看着身上的伤口在流血、化脓。小我练就了一身逃避和自我欺骗的本事，这就是人类虚伪的人格。

小我觉得自己的一切都是无比重要且特殊，自己的忧伤比别人更凄美，眼泪比别人更闪亮。总之，关于自己的一切都是无比特殊的。这是小我故意为自己营造的优越感，这种优越感如同马屁精，一直在我们耳边安慰着我们脆弱的心灵。内心越匮乏，需求越大。

小我排斥他人的小我，将我们和别人分割开，这种分割大至国家、团体，小至夫妻、邻里。小我在排斥他人的同时又需要从他人处得到慰藉，需要朋友、家人的陪伴，需要热闹来排遣无聊寂寞。聚会时，看似和很多人在一起，但内心依然只关心小我的感受得失，别人只是充当一个可以为小我提供娱乐的道具。无论眼前有多少人，小我也只是和自己在一起罢了。

没有这个自我，我们简直活不下去。自我非常怕被否定、批评，会因别人一句不够尊重的话与人争执或大打出手。小我喜欢被认可、赞美，希望到哪儿都有人给我们面子，要显示自己的与众不同，要获得优越感，十分在意别人对自己的评价，害怕在他人心中没有位置。如果被别人有意或无意地刺伤了，更是会一直耿耿于怀，甚至记恨一生。

小时候，我就很执着自己的形象。由于一直被夸赞长得漂亮，为了配得上自己的容貌，我就必须穿漂亮衣服，尽可能打扮出众。妈妈是裁缝，我从小就可以穿上“私人定制”的独一无二的衣服。什么蝴蝶衫、喇叭袖、记者服，样样都有。那时候，在我的心中，衣服和扎辫子的玻璃球儿或红绸子，比任何东西都重要，有时会因头发没梳好而一天心烦意乱。在课间，经常会有同学跑到我的教室来看我新穿的衣服，在她们羡慕的眼神中，我领受了巨大的满足。现在想来，我的自我虚荣比很多小伙伴都来得早。班里也有很多穿得脏乱差却活得坦然，到处疯跑、傻笑的同学，他们在这方面比我少去很多烦恼。

著名表演艺术家英若诚出生在一个几十口人的大家庭。一天，他想和大家开个玩笑，故意在大家吃饭的时候藏在餐厅里的一个柜子里，他认为等一会儿大家一定会到处找他，到时他再跳出来给大家一个惊喜。可是，他等啊等，直到大家吃完饭了也没有人发现他的“失踪”。他自己从柜子里出来，内心有巨大的失落。越执着自己重要的人，内心越会感受更多痛苦。

我侄子整天为了上学前的发型纠结不已，一天，我问他：“你们班坐在你旁边的那个女生昨天穿的什么颜色的衣服？”他说：“不记得，谁在乎她穿什么？”我说：“那你觉得别人会那么在意你几根头发的造型吗？”他瞬间听懂了什么，从那以后心态放松了许多。我们总是高估自己在别人心中的重要性，这是非常大的痛苦的来源之一。

这种执着与生俱来并伴随终生，与年龄无关，甚至年纪越大越执着。比如退休的老人，非常担心自己被别人视为无用，所以更加看重别人对他说话的态度和眼神；被世俗价值观认定的失败者也如此，对被重视更是极度渴望，一生都在寻求他人眼中的重要感。其实真正重要的不是成全自我的虚荣心，而是在某些被需要的时刻显示出独特的慈悲与智慧。

我们之所以一再强调心灵的痛苦面，不是抓住负面不放，而是要解决痛苦的问题，毕竟没有人觉得快乐是个需要被解决的问题。如果不能彻底了解痛苦的真相，我们所拥有的快乐随时会被烦恼替换。我们的头脑早已成功地被训练成了一部如瑞士手表机芯一般精准的仪器，不再有纯粹开放如婴儿一般的新鲜感官触角，触角已经长满老茧。我想，这也许是作茧自缚的根本含义。

走出心牢

走在街上，几乎每个中年人的脸上都写满焦虑与压力，成人变得越来越骄纵、敏感、防备、强硬、教条。儿时也曾拥有天真纯然的脸庞，可爱简单的心灵，明亮清澈的眸子，可现在那张脸去哪儿了？难道我们拼命地学习，受教育，奋斗，就是为了把自己变成这样的“嘴脸”吗？

成功的教育不应该是知识的教育，而应该是人性的教育。我们低估了自己心灵麻痹的能力，为了满足无穷尽的欲望，为了在别人眼中的价值，我们毫不吝啬地阉割着自己洁净纯真的心。

我们每个人都在坐心牢，这个心的牢笼是头脑制造出来的。古人总结为“名缰、利锁、权牢、情关”，每个人都在其中。世俗的成功学不能使我们翻越这个藩篱，反而越陷越深。我们的思维里有什么？有我，有与我相关的一切，亲情、友情、爱情、财富、名望，这些塞满了我们的脑袋。这就是我们生命的全部内容，我们在其中折腾得死去活来，没有一刻轻松。

我们从出生就开始努力了解这个世界，然后又执着于让这个世界变成我们想要的样子。我们不愿意尊重客观事实，执着于事情按照我们主观的喜好出现。概念如同一个预制好的模板，我们拿着这个模板去扣遇到的一切人和事。看似是在扣别人，其实是把自己先扣里边了。当出现分歧时，我们会像捍卫生命一样去捍卫自己的观点。我们把这些概念等同于人格、自我、面子、虚荣，我们从孩子变成了标准的大人，小心眼儿、自我、自私、执着，还埋怨是他人给我制造了地狱。我们永远带着成见的有色眼镜，以偏见的角度解读这个世界，我们不曾知道世界真实的样子。我们认为邪恶就是十恶不赦，善良是因为无能，有钱就是成功，别人给面子就是价值，其实真相有可能恰恰相反。

一个痛苦多年的女士向一位禅师请教如何断除烦恼的智慧，禅师让她找到痛苦所在的地方。她思维了很久，发现过去伤害过她的人和事都已经过去了，而那个痛苦却还在折磨着自己的心。她突然明白，之所以痛苦是因为自己一直死死抓着痛苦不放，原来痛苦的根源不在别处，是在自己的想法里。而制造这个想法的人正是她自己，是自己执着于“有一个伤害”的这个认知在伤害着自己。如同自己制造了个牢笼把自己困在里边，自己是规则的制定者，也是参赛者；自己难为自己，自己惩罚自己，自己树了一个箭靶子，自己朝上面射箭。痛苦就是一个因自己想不开、看不透而产生的牢笼，而打开牢笼的钥匙一直在自己手里。

我们把念头当真，认为这个念头无比真实且不能被改变，也无法被改变，改变了念头仿佛自己就消失了一样地痛苦。当我们相信头脑、念头是真实的时候，我们就已经身处地狱。我们的身体看似可以到处游走，非常自由，可是我们的头脑却一直在牢笼之中，从未自由过。如果不能走出头脑，哪怕是肉体飞上月球，我们都依然在牢笼之中，仍然是头脑的囚徒。我们亲自把自己关在里边，永远找不到出口，并且不知道原来打开牢房的钥匙一直在自己手里。这是巨大的遗憾和错误。

念头、想法、情绪、概念的本质都是无厘头且虚幻的，是受个人欲望、偏见作用下的执着。它们没有具体的来处，也没有去处。一会儿来，一会儿走，如同天空中飘来飘去的云彩。谁看见过第一朵云的来处？谁又能知道一朵云的去处？我们前一秒钟大发雷霆，下一秒又可以被一个惊喜融化，这足以证明情绪的虚幻。可是我们却顽强地受这个虚幻的控制，并认为情绪无比真实且重要。

我们所有的痛苦都是把情绪、想法、概念当真了，一当真，就输了。当真是因为不知道有一个真实的状态存在，所以一直认领头脑这个冒牌货。我们的生命就是这样荒谬地被消耗了。我们在这荒谬之中还拼命认真地思考，试图抓住一个真实的东西，难怪上帝会发笑。

伤害我们的不是那个人那件事，而是我们看待它的想法和念头。头脑是个极其狡猾善变的东西，它时刻用尽一切聪明来保护自我的利益。这种保护，其实就是在头脑相当局限的范围内的自我欺骗。

有一个人在昏暗的灯光下走过了一个被荷花铺满的水池，等他走到对岸后，灯光亮起，他发现在荷花下面趴着很多条鳄鱼，他吓坏了，再也无法走回到对岸去，尽管那些鳄鱼是被网子罩住，不会跳起来咬他。

我们明知道是假的却不敢面对，明知道是陷阱也愿意先跳进去再说。这个世界上最大的谎言就是自我欺骗，我们宁可上自己的当也不愿意相信比自己高明的人。

如果你自己没有伤口，别人再怎么撒盐你也不会感觉疼痛。停止头脑的评判，你就会从痛苦中跳出来了。痛苦、快乐、幸福、纠结，都是思维认知出来的，是一套头脑的自导自演的游戏。只要改变认知，它是可以消除的。

不带成见和偏见地尊重、接纳事实如其所是地发生、存在，没有评判、定义、计划、幻想。此时，或许才会对一口剩饭生起感恩，才会真的看见一朵花的美、一个你看不顺眼的人的好、一个恩怨的无意义。当心臣服的时候，瞬间就轻松了起来。周围的环境没有丝毫改变，但我们却从痛苦中走出来了，自己把自己从牢房里释放出来了。

爱情的自我游戏

小我中最执着的情感是爱情，特别是对于女人来说。自古以来，对爱情的过度美化使我们一直以为爱情是无比神圣、崇高的，而隐藏在其中的占有、嫉妒、控制等私欲，被粉饰不见。很多时候爱情是最名正言顺、肆无忌惮地索取情感、金钱、宠爱的借口。

爱情的本质是索取而不是奉献，是建立在自私与功利基础上的。选择对方就是在选择对方的条件，无论精神还是物质。我们从对方身上搜刮自己需要的条件，一旦彼此搜刮成功，爱情就会发生。几乎很少有爱情是为了对方好而存在的。

恋爱中的人会过度美化对方，把想象中最美的感觉投射到对方身上。我们没有爱上真实的对方，而是爱上了自己的想象，对方只是承载想象的物体。与其说爱情是两个人的事情，不如说是一个人对另一个人的妄想。我们甚至会苦恋、暗恋一个根本没见过面的人，完全只靠臆想来完成爱情。越得不到，对方被幻想得越美好。我们喜欢将这种执着美化成刻骨铭心。这份幻觉可以让我们不惜牺牲一切地去抓那个稍纵即逝的甜。

“我实在太空虚了，心里全是你”，飞蛾扑火的爱情不值得赞颂，那不是什么高尚的情操，是肤浅情感的无节制释放。恋爱脑的人，特别是女性，多是不懂得爱自己的人，多是因不知如何解决自己的问题而放弃了自我成长的人。

过度索爱的人内心都是匮乏的，或许是童年的孤独、父母的疏忽、欲望没有被满足等，想通过恋爱和婚姻来填补。他们会认为年龄到了，终于可以离开原生家庭的牢笼，与一个喜欢的人建立起新的关系、新的生活秩序，借此全面新生。

他们的潜意识里会认为这个人应该可以负担起自己全部生命的责任，他们太急于躺在一个人的身上疗伤，所以会因为对方一点无足轻重的优点而奋不顾身地爱上对方，也会因对方不能理解自己的一个小情绪而怨恨哭闹。他们更容易把挫折放大成不幸，把幸福幻想得不切实际。这样的人要么在事实中被教育，要么通过学习感悟来改变认识，否则终生不会找到满意的伴侣，因为世上没有一个人会担当起如此重任。悲剧在所难免。

我们头脑中会不停地制造幻想。其实不只是针对爱情，对待整个生命也是如此。我们总是喜欢把自己的预期建立在根本不可能实现的基础之上，我们妄想有一个美容产品可以使我们永远保持年轻，妄想有一个完美的伴侣在远方等待，妄想突然来临的狗屎运。妄想如同天上的月亮，追求妄想的人如同地上的傻狗，永远吃不到月亮，却永远以为能吃到。妄想是最好的商机，人人都在为自己的妄想交智商税，一次次地不厌其烦，一次次地心甘情愿。

在爱情中，对方的相貌也是执着的一种。彼此努力打扮成对方喜欢的样子，衣服、发型、香水的味道，都要精心装点，以此获得更多的爱。对方一个欣赏的眼神，一个美丽的赞叹，都会使我们甜蜜到晕厥。色不迷人，人自迷。有些男人喜欢女人的好身材，头发、睡衣、丝袜，有些女人喜欢男人的翘臀、厚实的肩膀。

爱情的美丽在于还没有机会看清楚真相。有个国王，他唯一的女儿爱上了一个穷小子，国王非常气愤，花重金悬赏一个拆散他们俩的办法。有一个人给出了个主意：把他们二人用绳子绑在一棵树上一个月，不许分开。这一个月中，两个人不能洗澡，只能吃一点食物，也不能去厕所。结果，时间一到，二人迫不及待地分开，而且再也不愿意见到对方。

爱情的期限很短暂，喜欢新鲜感是人的无明。新鲜过后，爱情就像泄了气的皮球，失去了玩味的功能。这一点，男人尤为明显。男人的爱情很大一部分是基于这种新鲜的猎奇、征服、占有，一旦得到，成就感很快消失。婚姻的形式是违背男人本能的，所以很多男人在亲密关系或家庭中都有出走的欲望。张爱玲说："当一个男人爱上一个女人，他的借口是爱上了她的灵魂，当得到她的肉体后，就会马上忘记她的灵魂。"

爱情不是真爱，甚至与真爱正相反。爱情的本质是自私和索取，真爱的本质是慈悲与付出。爱情相对于真爱来讲，更像是一场缺乏灵魂参与的自私的游戏，即便是付出，都隐藏着索取的种子。

成熟的爱情只能发生在成熟的心灵之中，成熟的人的心灵首先完成了自我完善，已经了解并找到了自己，能更有智慧地看清人和事的背后逻辑，不会轻易被表象迷惑，更不会借他人来填补自己心灵的缺失。

想要在恋爱中获得幸福的人，先把在对方身上的心收回到自己身上，借助爱情发现自己，了解自己，提升自己。如果能这样做，爱情就是最有营养的一种关系。

恋爱和婚姻关系，乃至我们和世界的关系，都是和自己的关系。婚姻说到底是一个人的事，与其说跟别人结婚，不如说跟自己结婚。自己不圆满，谁也无法令你圆满。只有自己对世界和生命的认知越来越圆满，盲区越来越少，自我的执着才会越来越少，你可以在任何一种关系中活得安然自在。你的快乐是自己给予的，不是依靠对方来的。

与真理结婚

爱欲是最难放下的。对于没有修炼的凡夫心来说，放下爱情就像放弃生命一样痛苦。连六世班禅仓央嘉措，在面对佛法使命与挚爱的恋人时都会陷入此种纠结，并写诗道："曾虑多情损梵行，入山又恐别倾城。时间安得双全法，不负如来不负卿。"

初级的爱是束缚，高级的爱是解脱。如果你认为可以通过婚姻或爱人来获取安慰和安全感，那你一定遍体鳞伤，除非你心甘情愿付出而不求回报。只要你有所求，就一定会受伤。爱人、孩子皆如此。

当我们心中无所求的时候，你会发现烦恼和伤害也不见了。你的眼里再没有与众不同的恋人和十恶不赦的敌人，他们所有的特殊性都消失了，他们在你的眼里更像是一个标准的人，一个像之前的自己一样沉睡在人性盲区中的人。你同情过去的自己，也同情此刻的他们，就像医生同情病人，老人同情孩子。你不会再幻想其中任何一种关系能创造出你假设的美好和幸福，即便有，你也会平淡地欣赏，而不再为此感叹人间值得。

爱人会变，爱情会走，真理智慧不会变，它是这个世界上最保险的"爱情"，它会永远真诚、忠诚地守候你，安慰你，不用担心它出轨背叛，它永远都在，随时都在。

我们可以将真理作为一个欣赏的对象，接近它，了解它，有任何问题都可以随时请教它。随着接触了解的加深，当我们愿意将一生甚至来世都交付给它的时候，就可以“结婚”了。在真理的怀抱里，你会感觉到踏实、温暖、友爱、忠诚。它是世界上最完美的伴侣，永远不会想“离婚”。

最深的执着

所有的痛苦都是执着于有“我”而起。我执，执着与自己有关的一切。执着多以负面的情绪来表现，如：教条、发怒、嫉妒。被轻视了就会瞬间愤怒；喜欢的杯子，被别人用了就会不开心；想安静的时候，旁边有人发出声音就会生气；优越感不在自己这边；等等。

自我执着，有时也会以夸张激进的方式表现，比如在一些聚会场合表现夸张，在与人交往的时候要所有细节都表现得完美，生怕损害在他人心中的好形象。还有人用沉默来表达我执，很多不爱表达的人，会默默地做出惊人的举动。总之，我执就是要将自己的感觉执行到底，丝毫不许错乱。

执着很像挑食。比如，一个孩子特别爱吃汉堡，或者爱喝酱油，一旦没有这些他就不吃饭了，就会哭闹。执着的人爱发脾气，看什么都不顺眼，总是觉得这个世界很不对劲，很别扭，嘴里常挂着挑剔抱怨，还以为自己发现了真理。

我们脑子没有一刻不是围绕着“我”在思考。我们表面良善而谦恭，内心却是自私鬼和自大狂。我执与文化知识高低没有绝对关系，知识分子可能比一个目不识丁的人的我执更为强烈。学识、地位使他们无比自信且情绪脆弱，不允许任何人挑战他们的信条，教条主义里边隐藏着巨大的无知与傲慢。他们假设自己无所不知，即便是真的不知道也要装作已经知道了的样子。发现无知比发现真理更伟大，执着的教条主义者很难明白这个道理。障碍我们的不是我们不知道的，而是以为知道的。

我执的人不相信自己认知之外的事物，乃至要他相信母亲的爱都是困难的，他毫无理性地相信自己，自己不能解决问题，但也不愿意去相信别人。他强调标新立异、与众不同。他的观点，不是出于理性地分析，而在于是否能与别人的不一样。他会认为顺从代表着没个性、平庸，甚至自我的消失。他顽强地和这个世界拔河，并且时刻都要赢，为了这个赢，他几乎损失了整个生命中的快乐。“我”越大快乐越少；执着越小，快乐越大。伤害我们的不是这个世界，而是我们的执着。

只要是人类就有执着，程度不同而已。执着的人表面看起来精明能干，实际头脑僵化迟钝，永远用同一种执着解读所有事情。渐渐地，衍生出一种麻木的稳定性，使自己“安全”地活在其中，永远不愿意醒过来，甚至不知道自己在沉睡。我们占据它们的过程，也是被它们占据的过程。而我们却只看到占据的“好处”，而看不到自己的损失。

无论执着给我们制造了多少痛苦，也不能引起我们对这个痛苦根源的思考，不去想痛苦从何而来，怎么能脱离它。我们每天忙着观察外边，忙着改变、控制环境和人，却从来不观察自己的内心，并顽强地相信，有一天会彻底地幸福快乐，但往往比它来得更早的是死亡。从古到今，所有的圣人智者都是从诚实地向内反省审查自己开始，以此作为觉悟的起点。

执着无用

放下执着是人类最难的课题，有时比放下生命还困难。要破除执着，首先要学会分辨执着。我们沉醉在习气里太久，心意非常粗大。要察觉出在自己身上发生的执着，需要非常细致敏感的反复训练。

我们并不认为轻松、随缘地经历生命是一件有意义的事情，我们必须经过计算、挣扎、刺激和拼搏才算是彻底地活过。如果现在医生通知我们，生命只有3个月，我们会怎么过这3个月？你是否到那时才愿意相信生命的意义其实是无意义？你之前用宝贵健康的生命换取的财富、功名有哪一样可以拿出来换取多一分钟的寿命？而当初我们为了得到这些，吃了多少安眠药，受了别人多少委屈，伤害了多少善意？等到最危难的时候看清这些，显然已经太迟了。

或许，有人会说生命是个过程，不能以结果论之。是的，正是因为生命的意义在于过程，所以我们才要活好这个过程。而这个过程不应该是以得失、成败作为参考系数的。

执着是一个彻头彻尾的迷惑的无知状态。执着也是一场空，放下也是一场空，何必为了一个最终无用的东西而错过了享受生命本该有的惬意与幽默？执着和放下在一念之间，生死在一念之间。

我有一个朋友遇到人生重大挫折的时候想自杀，那天他颇具仪式感地穿戴整齐准备去山里自杀。结果在路上遇到泥石流，很多车和人被埋，他奋不顾身地救出了很多人。到了晚上，大家请他吃饭感谢他，他也忘记了自杀这件事。

开心与悲伤一念之间，愤怒与微笑一念之间，这一念就是转折点。放下就是复活，放下命运就改变，放下就是消灾。

不执着地拥有

要想活得好就得有个好心态，活得不好的人多是心态出了问题。如果心态好，贫穷也可以快乐；如果心态差，富有也可以很痛苦。这不是站着说话不腰疼的口号，而是亲身经历过的觉悟。决定快乐的因素是面对事情的心态，而不是事情本身。心态改变后，你依然可以按照之前的轨迹生活、工作、恋爱，但是你的理解已经发生变化，你不会再因此失眠、焦虑、愤怒、纠结。事实上，你并没有失去之前的一切，反而是一种更高级的拥有。

我们总认为执着会使我们加倍拥有，事实上很多人和事会因执着而加速失去。我们执着的样子很像在奋力抓取一只飞舞的蝴蝶，我们上蹿下跳、气喘吁吁却很难抓到一只。如果我们换一种方法，将手掌翻转过来，手心朝上，也许蝴蝶会稳稳地落在手心上。即便飞走了，也会欣赏一份自由之美。

我们的人生之所以混乱，就在于做了很多多余动作。比如，热恋中的人，如果你肯放下对对方的控制，或许会得到他更多的爱。再比如，你被邀请去参加一个化装舞会，舞会要求每个人都必须将自己化装成一只猪的样子，而你的身材完全不适合穿紧身衣，因为那样简直真的非常像“猪”，这会令你在异性面前丢脸。但是你运用了你的智慧破除了你对自我形象的执着，你在舞会上显得十分自在、幽默，你还时不时地调侃着自己的“猪”相。即使旁边的人再怎么嘲笑你，你都不介意，因为你深知这是一个游戏，如果你把游戏当真，你将错过这个舞会的快乐。人生也是一场游戏，玩得太认真会错过享受生命的过程。

想要断去执着，要减低对外界的需求。你不再依赖某个东西，不会没有它就感到空虚、难过。你可以去舞会，但不去，你也不难过；你尽管去吃美食，但是当吃到不好的食物时，你不会难以接受。你对人和事物的需求都不过度，什么都可以拥有，同时也可以什么都没有。我们要练习将脑中的各种概念边界模糊，那不是混乱与无知，而是清清楚楚但丝毫不计较。

不执着的人不会受伤，也不会伤人。你不会把什么事情看成非得不可，非你莫属，非此即彼，不再偏向任何一面而对抗另一面，没有对抗，只有更好地融入，更细腻地享受当下。同时得到了“拥有”和“不拥有”两样东西，而不是一直在二选一。

如果你觉得这件事情是无意义的，但是又必须去做，那么你就去做好了，但做的过程你应该是清醒的，你已经知道了它无意义的本质。有个学生问一位灵性导师：“您告诉我们放下一切，看淡一切，但是您不是和我们一样在努力工作赚钱吗？您和我们有什么区别？”导师说：“我唯一和你们不一样的地方在于，没有这些我不会难过，我可以随时拥有，随时失去，而你们会觉得天塌了，无法承受。”在不执着的心中没有挂碍，清清静静。物来则应，物去无忧，来者不拒，去者不留。

给自己一个清醒的机会

有机会追求清醒的人是幸运的，绝大多数人一直沉睡在梦中，遇不到清醒的机缘。即便有机缘与真理面对面，多数人还是选择了逃避，继续做梦，最好能梦到死去的那一刻，貌似没有痛苦地逃避一生。我们宁可要被骗的永久的痛苦，也不要清醒的阵痛。

清醒固然也经历阵痛，但最终将彻底摆脱痛苦。选择继续做梦的人将永远在痛苦中，无非是整天忙着在大痛苦和小痛苦之间做着拣择。

接受真理的过程，如同驯服一匹野马的过程，也是被真理温热，直至最后点燃的过程。只有究竟真理才能给人类最终的安全感，你开放多少就能明白多少。太阳的光永远在那里，能吸收多少热能取决于自己的容器。面对真相你必须放下自我保护，放下任何借口，诚实地把自己放在手术台上解剖，然后再一针针地缝合成一个全新的自己。为了那份清醒、那份智慧带来的彻底自由，无论多痛你都得忍住。

我是个没有智慧的“聪明”人。如果说优点，唯一的优点可能就是好奇心，我感激这个好奇心带着我遨游真理智慧。我经常跟爸爸说，我的脑子像被砸了个洞，一束黄黄的柔和温暖的光从我的右侧头顶照进来，使我看清了很多之前看不见的角落。具体获得了什么我也说不清楚，但觉得浑身都浸泡在这个光中，就像母亲的怀抱，我在里边完全诚实地跟随，我对这种力量的信任就像信任父母。

现在每每望向书架上满满的书，我的眼泪总是无法控制地流下来，那是感激的眼泪。如果不是它们告诉我这些真理，我真的不知道还会因为迷惑颠倒而承受多少恐慌与不安。父母给了我肉体的生命，而我灵魂的生命到今天才被真理唤醒，我除了感激、感恩，就是想把这些感受分享给大家，希望我的喜悦能感染和曾经的我一样迷失的人们。

与生命来一场谈判

未经思考的人生不值得过，而依据什么来思考人生更是至关重要。是依据三维世界的物质和社会化观念，还是依据宇宙人生的究竟真理？思维创造的假我和一个无生无死、永恒存在的真我之间，我们必须做出选择。

如果你真的有大智慧，你会选择永恒的利益。有位跟随了老师二十年的弟子，在老师圆寂之后的某一刻，恍然大悟，领悟到了老师一直宣讲的真意所在，当场痛哭。我们也是如此，尽管目前还不能领悟觉醒者教化我们的精髓，但可以先把这些东西记在脑子里，早晚有一天时机成熟，领悟就会发生。但前提是此刻就要开始学习、了解、体悟，否则觉醒又将被错过。或许，以后连错过的机会都没有了。

死亡并不可怕，可怕的是我们不知道真正的生命是什么。生命有限，除非把觉醒放在生命第一位，否则很难觉醒。这么说，不是要我们放下家庭和工作，躲进深山里去找觉醒，而是在生活中全身心地去学习、感悟、实践。如救头燃一样紧迫，如醉如痴一般体悟。我们要做一个有悟性的人，而不是再多次重复无知与愚蠢。

了解宇宙生命真相的人与不了解的人，对待生命过程和死亡的态度是完全不同的，甚至是截然相反的。常人会觉得死亡是彻底地断灭，一直习惯有“我”的人们，根本无法接受这个“我”的消失，那种恐惧相当无助与残忍，无人能解开并替代，只有辛苦地承受着。我们必须用觉醒的真理来戳穿、打碎头脑中所有的虚幻概念，不留一点余地。这可能会喝退很多胆小的人，留下来的才是真正的勇士。真相就是真相，没有任何讨价还价的余地。

在觉醒的人心中，不存在生死，他们早已知晓，肉体的消失不是意识的消失，他们的意识早已在肉体结束之前回家了。真正的解脱不是死亡来临那一刻的事情，思考死亡也不要等到奄奄一息的时候，此刻健康的我们，都不能想通这件事，难道奄奄一息的时候会想通吗？

这个世界上只有解脱是真的，其他东西都是假的。既然明白了这个道理，我们还在等什么？看清这一点，我们此刻应该给自己泡上一杯上好的铁观音，找个听得见心跳的地方坐下来，与自己内心做一场透彻的谈判。就像哈姆雷特所思考的问题："生还是死？"我们今后是继续掩耳盗铃得过且过，还是现在就立下志向，为心灵的觉醒做点什么？这是个大问题，是一个人在内心极度渴望觉醒时，才有资格遇见的伟大的选择。